"十二五"普通高等教育本科国家级规划教材

铀矿勘查学实习指导书
（第2版）

王正其　编著

哈尔滨工程大学出版社
Harbin Engineering University Press

内 容 简 介

本书是《铀矿勘查学实习指导书》的再版教材。

本书对第一版《铀矿勘查学实习指导书》的实习内容、文字与图表等进行了修订和完善，并增设了新的实习项目。全书共包括10个实习项目，1份附表，11幅附图。实习内容涵盖典型矿床找矿标志研究、内生铀矿床成矿地质条件分析及远景区预测、砂岩型铀矿成矿层位预测、钻孔岩心地质编录、坑道地址编录、钻孔轨迹投影、勘查线剖面图的编制、矿体垂直纵投影图的编制、铀矿勘查地质设计和地质块段法资源储量估算。在着力加强培养学生动手能力和基本工作技能训练的同时，考虑了我国现行铀矿地质找矿工作的重点发展方向及其需要，力争突出学生分析问题、解决问题以及成矿预测、勘查设计等综合素质能力的培养。

本书主要面向铀矿地质方向的资源勘查工程专业本科生，也可作为相关科研、生产单位技术人员的参考书。

图书在版编目(CIP)数据

铀矿勘查学实习指导书/王正其编著.—2版.—哈尔滨：哈尔滨工程大学出版社，2023.11
ISBN 978-7-5661-4148-4

Ⅰ．①铀… Ⅱ．①王… Ⅲ．①铀矿-地质勘探-高等学校-教学参考资料 Ⅳ．①P619.140.8

中国国家版本馆 CIP 数据核字(2023)第 229762 号

铀矿勘查学实习指导书(第2版)
YOUKUANG KANCHAXUE SHIXI ZHIDAOSHU(DI 2 BAN)

出版发行	哈尔滨工程大学出版社
社　　址	哈尔滨市南岗区南通大街 145 号
邮政编码	150001
发行电话	0451-82519328
传　　真	0451-82519699
经　　销	新华书店
印　　刷	哈尔滨午阳印刷有限公司
开　　本	787 mm×1 092 mm　1/16
印　　张	4.5
插　　页	6
字　　数	143 千字
版　　次	2023 年 11 月第 2 版
印　　次	2023 年 11 月第 1 次印刷
书　　号	ISBN 978-7-5661-4184-4
定　　价	16.80 元

http://press.hrbeu.edu.cn
E-mail：heupress@hrbeu.edu.cn

前　言

本书是《铀矿勘查学实习指导书》的再版教材，为"铀矿勘查学"课程教学的配套教材。

铀矿勘查实习课是"铀矿勘查学"教学过程中必不可少的一个重要环节，它对于学生理解和运用铀矿成矿理论与勘查理论，训练并掌握铀矿勘查工作的基本技能，明确不同勘查阶段工作目的与任务要求，深刻领会勘查工程系统与勘查设计原理，培养和提高分析问题、解决问题的综合素质与工作能力，实现核地质特色资源勘查工程专业理论教学培养目标与铀矿勘查实践要求的统一，都是至关重要的。

再版教材《铀矿勘查学实习指导书》是基于《固体矿产资源储量分类》(GB/T 17766—2020)、《铀矿地质勘查规范》(DZ/T 0199—2015)等地质工作框架体系编写的。实习内容是在第一版教材(2010版)经多年试用并获得可行性信息反馈后，综合考量当前及今后相当长一段时间内我国铀矿勘查地质工作重点领域、面临问题及地质勘查基本作业方法要求的基础上确定的。全书共包括10个实习项目，1份附表，11幅附图。实习内容涵盖典型矿床找矿标志研究、内生铀矿床成矿地质条件分析及远景区预测、砂岩型铀矿成矿层位预测、钻孔岩心地质编录、坑道地质编录、钻孔轨迹投影、勘查线剖面图的编制、矿体垂直纵投影图的编制、铀矿勘查地质设计和地质块段法资源储量估算。在内容的设计上，涵盖了传统的"硬岩型"铀矿和当前铀矿地质勘查工作重点的可地浸砂岩型铀矿；既有旨在培养学生的基本工作技能的技能型实习项目，又有注重综合分析问题的理论素质与创新能力培养的综合型和设计型实习项目，力争体现铀矿勘查实习教学的先进性、系统性和完整性，实现核特色地质专业人才的培养目标，适应现代铀矿地质勘查实践工作的岗位要求。

本书的再版得到了东华理工大学教材委员会、东华理工大学地球科学学院的共同资助。在编写过程中，东华理工大学及其地球科学学院相关领导给予了很大的帮助，相关学科的一线教学老师提出了有益的建议。在此，谨向给予本书支持、关心和帮助的同志致以诚挚的谢意。

鉴于编著者水平所限，书中难免存在错误和不当之处，恳请读者批评指正。

王正其

2023年6月

目 录

实习一 典型矿床找矿标志研究 ··· 1
实习二 内生铀矿床成矿地质条件分析及远景区预测 ··· 9
实习三 砂岩型铀矿成矿层位预测 ·· 17
实习四 钻孔岩心地质编录 ·· 23
实习五 坑道地质编录 ·· 27
实习六 钻孔轨迹投影 ·· 29
实习七 勘查线剖面图的编制 ·· 35
实习八 矿体垂直纵投影图的编制 ·· 39
实习九 铀矿勘查地质设计 ·· 43
实习十 地质块段法资源储量估算 ·· 51
附录 ·· 61
    附表 1 钻孔岩心地质编录 ·· 61
    附图 1 赣杭构造带地质略图 ·· 62
    附图 2 相山火山盆地布格重力异常平面图 ·· 63
    附图 3 相山地区航空测量铀等值图 ·· 64
    附图 4 相山地区地表伽马异常分布图 ·· 65
    附图 5 相山地区水化学异常分布图 ·· 66
    附图 6 钻孔投影图 ·· 67
    附图 7 6113 矿床 3 号勘查线剖面图 ·· 68
    附图 8 6113 矿床 1 号勘查线设计剖面图 ·· 69
    附图 9 相山地区地质图 ·· 70
    附图 10 6113 矿床地形地质及勘查工程设计图 ·· 71
    附图 11 ××矿床矿体水平投影图 ·· 72

实习一　典型矿床找矿标志研究

一、实习目的

以江西邹家山铀矿床为例,通过对各种资料的研究、矿化特征的分析、找矿实物的观察等手段,学会识别、总结和归纳,并综合利用找矿标志来进行成矿预测和找矿工作,以便较系统地掌握找矿标志的研究内容以及找矿标志对找矿的指导作用。

二、实习课时

本实习要求在 2 个学时内完成。

三、实习要求

(1)认真阅读所附各种文字资料和图件,了解邹家山铀矿床地质概况、铀矿化产出与分布特征。

(2)观察(包括肉眼观察和偏光显微镜下观察)正常和蚀变围岩岩石标本、露头标本、井下岩矿(−130 m)标本、岩石薄片、标型矿物及其他实物。

(3)学会识别、总结和归纳找矿标志的基本方法,掌握邹家山(式)火山岩型铀矿床的找矿标志。

(4)编写实习报告,综合论述邹家山铀矿床的找矿标志,内容包括找矿标志种类、主要特征,在成矿预测及找矿中的意义、心得体会(认识与建议)等。

四、实习资料

(一)相山矿区地质概况

相山铀矿田是我国华东南铀矿省的重要组成部分,矿田位于赣杭构造带(成矿带)西段乐安—东乡成矿亚带内相山中心式火山塌陷盆地中(图 1-1,附图 1,附图 9)。赣杭构造带主要位于两个一级大地构造单元的交接部位,以横跨赣浙两省的江山—绍兴深断裂为界,北区属扬子地块,南区属华夏地块。

赣杭构造带的发展主要经历了四个阶段:第一阶段是东安期至加里东期,为赣杭断裂带形成期;第二阶段为海西期至燕山早期,表现为拗陷带;第三阶段为燕山中期至晚期,表现为火山活动及拉张裂陷;第四阶段为燕山晚期至喜山期,表现为伸展性断陷红盆发育期。海西期至印支期,南北两区的地质构造条件和沉积环境趋于一致,印支运动使全区普遍隆起,结束海相沉积,进入大陆边缘活动阶段。赣杭构造火山活动带是燕山期断裂带切穿莫霍面,由深部壳幔物质经熔融作用产生的熔浆沿断裂带发生强烈的火山喷发作用形成的。

相山中心式火山塌陷盆地位于北西向断裂带与北东向深断裂带的交会部位。盆地呈近似椭圆形,东西长约 20 km,南北宽约 14 km,面积约 318 km²。

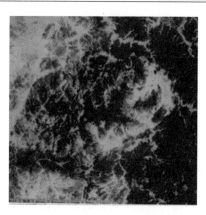

图1-1 相山地区TM增强处理合成图(卫片-1)

盆地基底主要为震旦系浅变质岩,东侧出露上三叠—下侏罗统地层,北西侧为白垩系红层覆盖。盆地盖层主要由燕山晚期上侏罗统的打鼓顶组流纹英安(斑)岩、鹅湖岭组碎斑熔岩组成,此外发育有一定规模的次火山岩花岗斑岩和似斑状花岗岩侵入岩,可见煌斑岩脉侵入,总体可视为一套火山-侵入杂岩体。上侏罗统打鼓顶组和鹅湖岭组,总厚度达2 900 m,其中打鼓顶组第四段流纹英安(斑)岩最厚处有529 m,鹅湖岭组第四段碎斑熔岩厚度大于2 000 m。火山岩层总体产状是自四周向盆地内倾斜。花岗斑岩与斑状花岗岩沿盆地边缘环状断裂贯入。

关于盖层火山岩系的成岩时代,尚存在一定的争议。原中国核工业系统相关单位将其归属于晚侏罗世,本书也沿用这一方案。对前人获得的各类同位素年龄统计显示,打鼓顶组流纹英安(斑)岩与鹅湖岭组碎斑熔岩的成岩年龄介于(158.1 ± 0.2)~(129.54 ± 7.9) Ma,集中于142~132 Ma;煌斑岩成岩年龄为(125.1 ± 3.1) Ma。

相山火山塌陷盆地盖层断裂主要呈北东向和北西向,并在西部地区构成菱形构造格架。盆地北缘发育一条近东西向推覆构造,将震旦系推覆到火山岩之上。

相山矿区已发现矿床××个,主要产在盆地北部和西部。北部的×个矿床多定位于北东向断裂与火山环状和弧形构造的复合部位。西部的×个矿床主要受北东向的邹家山—石洞断裂及其旁侧的次级构造控制。

区域地球物理(化学)场特征研究表明,矿田位于北东向的重力梯度变异带上(图1-2),同时处于磁场升高带内的负向磁场区中,盆地四周主要为正异常,中间为负异常。呈椭圆形的地面伽马有利基础场反映了盆地的基本轮廓,北部、西部呈现复杂的伽马偏高场。航空伽马能谱资料显示大面积的大于3×10^{-6}的铀晕,其中大于4×10^{-6}的铀晕也较发育。铀的地化场也为高场。总体而言,相山矿区受区域重力梯度变异带、磁场升高带内的负向磁场区、航空能谱铀偏高晕、地面伽马有利基础场及铀的地化高场等五种地球物理(化学)场复合区控制。

(二)邹家山铀矿床地质与基本铀矿化特征

邹家山铀矿床为位于相山矿田西部的大型矿床之一。因其位于邹家山,矿化产于火山喷发溢流相碎斑熔岩中,明显受密集裂隙带控制,矿体呈脉状、群脉状分布,数量多、规模大、品位高,其又被命名为"邹家山式"铀矿床。

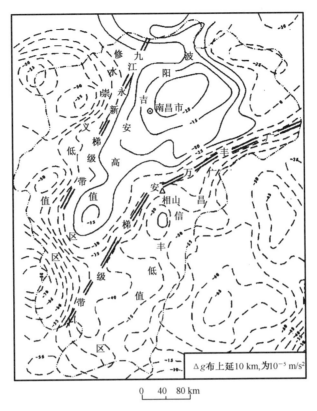

图 1-2 相山地区区域重力位置图

邹家山铀矿床位于相山矿田西部的邹家山—石洞断裂带的北东端,面积约 6 km²(附图 9,图 1-3)。矿床内分布地层有上侏罗统的鹅湖岭组和打鼓顶组火山岩系,直接不整合覆盖在基底震旦系之上,其以鹅湖岭组碎斑熔岩大面积分布为特征。邹家山—石洞断裂带贯穿矿床中部,走向 NE30°~60°,倾向 NW70°~85°,长约 6 km,宽 200~300 m,由若干条 NE 向断裂(F_1、F_6、F_7)组成。

矿带向 SW 倾伏,受邹家山—石洞主干断裂带控制。矿体赋存在邹家山—石洞断裂带扭曲引张部位及其旁侧裂隙中,矿化裂隙产状与主构造一致。矿体多呈脉状、透镜状、群脉状产出,明显受密集型裂隙带直接控制。矿床中矿体以中小型为主,已发现矿体 400 余个。矿体分布垂幅大于 700 m,品位富,平均品位达 0.××%。

含矿主岩为碎斑熔岩,少量流纹英安岩。矿石呈角砾状、脉状、网脉状或浸染状,矿石矿物除沥青铀矿和含钍沥青铀矿等之外,还见有铀钍石和方钍石等钍矿物出现。矿石中钍、钼、磷的含量较高,其中 P_2O_5、Th、Mo、Pb、Zn 与铀含量存在明显的正消长关系。

矿床中分布最广的围岩蚀变为水云母化,形成浅绿色蚀变带,成矿期蚀变最主要为萤石化,此外还有红化(前人多称之为赤铁矿化)、磷灰石化、绿泥石化、黄铁矿化、碳酸盐化等。

成矿年龄:一种观点认为铀成矿为两期,早期为 118 Ma 左右,晚期为 90 Ma 左右;另一种观点认为邹家山铀矿床主要为 90 Ma 左右铀成矿期产物。成矿温度为 110~140 ℃。

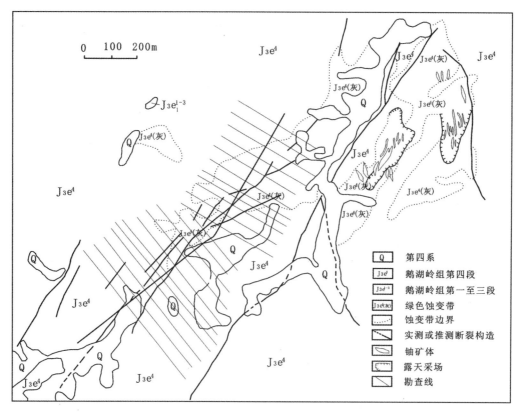

图 1-3 邹家山铀矿床地质略图

(三) 有关找矿标志的资料

1. 遥感地质信息

参见图 1-4 及图 1-5。

图 1-4 相山地区热点提取(兰色)图(卫片-2)

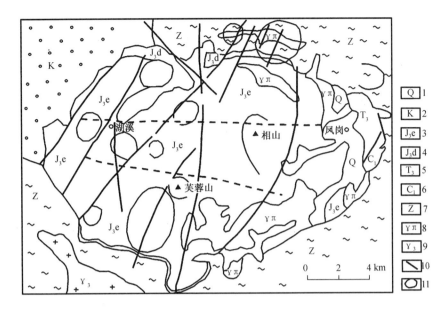

1—第四系;2—白垩系;3—上侏罗统鹅湖岭组;4—上侏罗统打鼓顶组;5—上三叠统;6—下石炭统;7—震旦系;8—花岗斑岩;9—加里东期花岗岩;10—断裂;11—环形构造。

图 1-5 相山地区遥感解译构造格架

2. 相山地区重力测量资料

参见附图2及图1-2。

3. 地球化学信息

(1)航空铀异常分布

参见图1-6及附图3。

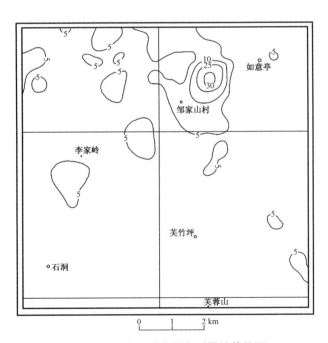

图 1-6 邹家山矿床航空测量铀等值图

(2)地表伽马异常分布

参见图1-7。

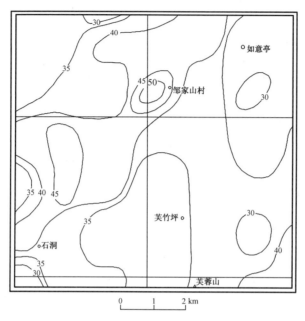

图1-7 邹家山矿床地表伽马异常分布图

(3)水化学异常

参见图1-8及附图5。

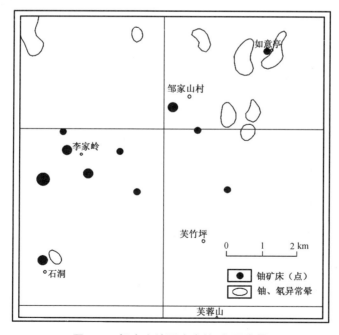

图1-8 邹家山地区水中铀、氡异常晕

4. 邹家山矿区地热信息

参见图1-9。

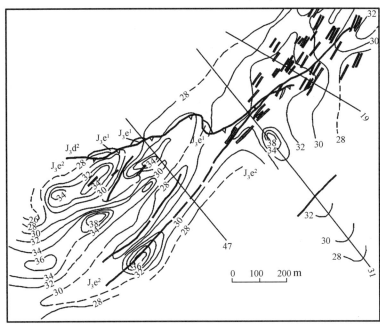

1—碎斑熔岩；2—晶屑玻屑凝灰岩；3—流纹英安岩；4—断裂构造；
5—火山塌陷构造；6—矿体；7—地温等值线；8—勘查线及编号。

图1-9 邹家山矿区地热信息

5. 赋矿构造与裂隙

参见图1-10及图1-11。

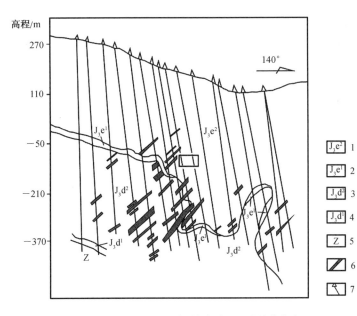

1—碎斑熔岩；2—晶屑玻屑凝灰岩；3—流纹英安岩；
4—紫红色砂砾岩；5—石英片岩；6—矿体；7—钻孔。

图1-10 邹家山矿床南西段综合示意剖面图

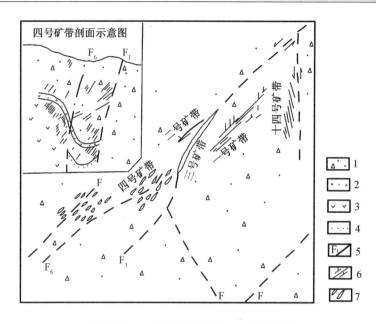

1—碎斑熔岩；2—多岩屑碎斑熔岩；3—流纹英安岩；
4—砂岩、砂砾岩夹凝灰岩；5—断裂及其编号；6—含矿裂隙；7—矿体。

图1-11 邹家山矿床地质平面和剖面示意图

6. 围岩及围岩蚀变

参见图1-3，并结合正常围岩和蚀变围岩、矿石的标本和薄片进行研究。

邹家山矿床矿体主要赋存于鹅湖岭组的碎斑熔岩中。未蚀变的正常碎斑熔岩呈现块状构造，岩石完整，颜色呈现肉红色或浅红色；岩石为粒状结构，主要矿物有钾长石、石英，也可见少量的角闪石等暗色矿物，另可见基底变质岩角砾碎块（捕房体）。矿床内水云母化分布最广，沿主干断裂及其裂隙展布，宽度为200~300 m，形成特征明显的"浅绿色蚀变带"，矿体均位于浅绿色蚀变带中。矿体受其中次级裂隙控制，地表露头围绕矿体依次出现萤石化、红化和绿泥石化、水云母化。

矿石主要呈现角砾状、脉状、网脉状或浸染状。

7. 标型矿物

通过肉眼和偏光显微镜下观察，对比研究围岩、蚀变围岩与矿石中矿物组成和特征、萤石的颜色、晶型等可以获得启示。

五、实习思考题

(1) 什么叫找矿标志？火山岩型铀矿床找矿标志包括哪几类？

(2) 如何判别找矿标志？怎样利用找矿标志进行成矿预测和找矿？

(3) 各类找矿标志在成矿预测及找矿工作中的意义是什么？怎样认识综合研究找矿标志的重要性？

实习二　内生铀矿床成矿地质条件分析及远景区预测

一、目的与任务

通过学习,初步掌握内生铀矿床成矿地质条件分析与远景区预测的一般内容、方法、步骤,提高理论联系实际及综合分析的能力。

本次实习的任务是运用所学的内生铀成矿相关理论,对 610 地区铀成矿地质条件进行综合分析,阐明其成矿的有利条件和不利因素。并依据分析获得的铀矿找矿信息、成矿地质条件的优劣及其组合情况,建立远景区划分标准,圈定不同级别的远景区。进一步提出工作建议和设计报告。

二、实习课时

本实习要求在 4 个学时内完成。

三、实习要求

(1)认真分析所附的地质资料,运用内生铀矿床成矿理论,总结研究区铀成矿的基本规律。

(2)在分析工作区铀成矿有利和不利地质因素的基础上,结合找矿信息和矿化标志,建立远景区评判地质依据。

(3)在地质图上划定不同级别远景区,并填制铀矿远景区预测简表(表 2-1)。

表 2-1　铀矿远景区预测简表

远景区及编号	预测依据	远景区面积/km²	可能的矿化类型	备注
Ⅰ-1				
Ⅰ-2				
Ⅱ-1				
Ⅱ-2				

(4)编写实习报告。

四、实习资料

(1)相山地区地表伽马异常分布图(附图 4)。

(2)相山地区航空测量铀等值图(附图 3)。

(3)相山地区地质图(附图 9)。

(4)相山地区水化学异常分布图(附图 5,图 1-8)。

(5)相山火山盆地布格重力异常平面图(附图 2)。

(6)相山地区遥感解译构造格架(图 1-5)。

(7) 相山地区地质构造特征简介。

相山盆地位于江西省乐安县境内中山区,依山傍水,物产丰富,居民点稠密,农业较发达,交通方便。

(一) 区域地质

相山矿田位于赣杭构造带(成矿带)西段乐安—东乡成矿亚带内,处于走滑构造体系之德兴—遂川深断裂附近。赣杭构造带主要位于两个一级大地构造单元的交接部位,以横跨赣浙两省的清江—绍兴深断裂为界,北区属扬子地块,南区属华夏地块。赣杭构造带是在漫长的地质历史过程中形成的。燕山中期,太平洋板块向亚洲大陆俯冲和强烈挤压导致沿该断裂带发生了大规模的火山喷发,形成了赣杭构造火山活动带。燕山晚期,太平洋板块俯冲带向大洋方向迁移,在活动带内产生拉张裂陷,同时发生了铀成矿作用,形成了赣杭构造火山岩铀成矿带。

(二) 地层特征

相山火山盆地的基底主要是震旦系的变质岩系(以片岩、千枚岩为主),东缘有下石炭统及上三叠统出露。盆地内火山岩系由上侏罗统打鼓顶组(J_3d)和鹅湖岭组(J_3e)组成。其中打鼓顶组由中、酸性火山熔岩,火山碎屑岩和沉积岩组成,下段多为沉积岩,上段则以流纹英安岩为主,流纹英安岩最厚达 529 m,一般厚为 100~200 m。鹅湖岭组主要由流纹质碎斑熔岩组成,属溢流-浸出相(部分为火山口相),仅在本组下部见有凝灰岩与沉积岩互层,其厚 20~37 m,碎斑熔岩的总厚度大于 2 000 m。盆地西北角及东北角覆盖有白垩纪红色砂砾岩(附图9,图 2-1)。

(三) 矿区构造

相山盆地火山岩地层产状由盆地四周向内倾,总体为一个大型破火山口(塌陷式火山盆地)。盖层线性构造和环状构造非常醒目,构成以 NE 向断裂构造为主导的线环构造交织的复合形式。线环构造多有继承和发展的关系。火山期后的断裂构造,从与铀成矿作用的关系可划分出成矿前的走滑构造(体系)及成矿期的伸展构造和成矿后的逆冲(断裂)构造。前人工作已得出以下认识。

(1) 相山火山盆地是在 J_3 时期在德兴—遂川深断裂带走滑作用控制下形成的典型产物。其具有自身的火山活动中心和发育完善的破火山口结构,由火山塌陷重力垂向运动形成的弧形及直线形火山塌陷构造表现。次火山岩充填的断裂构造受基底断裂的影响,有明显的继承作用。

(2) 盖层中大部分 NE 向断裂构造是在基底 NE 向走滑断层基础上发展起来的,由继承性活动贯通到盆地盖层,在成矿前仍以 NE 向走滑断层起主导作用。如邹家山—石洞断裂(以下简称邹—石断裂)就是由基底断裂发展起来的,其 NE 段(邹家山段)由数条近平行的 NE 向断裂构造呈雁行排列组成断裂带,主构造面倾向 NW、倾角陡(>75°),而其 SE 段(素堂坪段)断面倾向 SE,陡倾角,显示扭动构造特征。另在邹家山村东河沟中邹—石断裂由 NE 转为近 SN 走向的一段在其上盘出现数米宽的构造角砾岩,反映邹—石断裂曾发生左旋走滑活动。

(3) NE 向走滑构造体系为铀成矿作用奠定了良好的构造基础,走滑构造体系直接控制了相山地区早期的铀成矿作用,并为晚期成矿构造伸展拉张起到了重要控制作用。伸展构造的典型构造要素是高角度正断层,它继承并对先期形成的走滑断层系进行不同程度的改造。

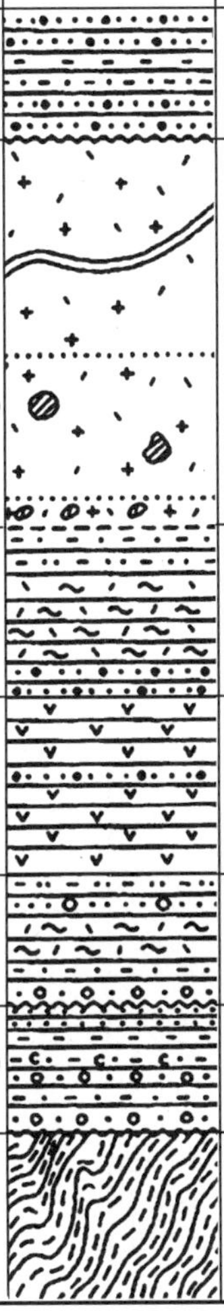

时代		代号	厚度/m	柱状图	岩性特征
上白垩统	南雄组	K_2	>500		紫红色砂砾岩、砂岩、粉砂岩,砾石中有较多的火山岩砾石
上侏罗统	鹅湖岭组	J_3e^4	>1 000		灰白色流纹质碎斑熔岩,碎斑晶为石英、长石,含量50%~60%。底层多变质岩岩屑,底部基质为玻基结构,向上逐渐变为全晶质
		J_3e^{1-3}	50		上部为紫红色粉砂岩、砂砾岩;中部为熔结凝灰岩,顶部有一些晶屑凝灰岩;底层为紫红色砂砾岩
	打鼓顶组	J_3d^4	150		上部流纹质英安岩,有钾长石、石英斑晶,底层有一层紫红色砂砾岩、砂岩、凝灰岩透镜体;下部流纹质英安岩,有少量角闪石、辉石、石英斑晶
		J_3d^{1-3}	60		上部含钙质结核红色粉砂岩、砂岩、凝灰岩透镜体;中部为熔结凝灰岩、晶玻屑凝灰岩;下部为砂砾岩
上三叠统	安源组	T_3	>100		长石石英砂岩、页岩、粉砂岩夹煤线,底层为砂砾岩、砾岩
震旦系		Z	未见底		千枚岩、云母石英片岩

图 2-1 相山地区地层柱状图

晚白垩世(K_2),区域应力场转变为伸展拉张状态,相山地区发生火山塌陷,并有次火山岩体沿环状断裂以及被复活的引张断裂侵入。此后发生大规模的断块塌陷,形成了主成矿期的有利构造背景。

(4)成矿后活动的 NE 断裂构造,主要表现为逆冲特征,发育特征的灰白色构造泥和构造透镜体,主要表现为挤压作用的结果,无矿化蚀变现象。

(四)岩浆(热液)活动

相山地区的岩浆活动主要发生在燕山中期,即晚侏罗世,形成了打鼓顶组和鹅湖岭组的酸性火山岩系,主要包括喷发相、溢流相的紫灰色、灰白色流纹质熔结凝灰岩、晶屑凝灰岩、流纹英安岩和碎斑熔岩。在燕山晚期,发生基性岩脉侵入,对形成控矿和储矿的断裂和裂隙系统非常有利。

在火山活动结束之后,相山地区发生了三次大规模的热液活动:第一次为富钠碱性热液活动;第二次为富氟酸性热液活动;第三次为硅质热液活动。其中前两次分别与相山地区的碱交代型铀矿床和萤石-水云母型铀矿床成矿作用相关。

(五) 铀矿化特征

相山地区目前发现矿床××个,主要产在盆地西部和北部。邹家山矿床和横涧矿床分别为这两个地区的典型矿床。

邹家山矿床赋矿围岩主要为碎斑熔岩,蚀变以规模较大的水云母化为典型,其矿化特征见实习一。

横涧矿床铀矿化特征:因横涧矿床在空间和成因上与次火山岩(花岗斑岩)及脉岩有密切联系,数量多,储量大,资源储量规模大,具有代表意义,所以又将该类火山岩型铀矿床称为"横涧式"。

横涧矿床位于相山火山塌陷盆地的北缘,处于北东向的巴泉断裂和埧坑断裂与火山环状构造的复合部位。矿床出露地层有震旦系的黑云母石英片岩以及上侏罗统打鼓顶组的紫红色砂岩、粉砂岩、砂砾岩夹薄层熔结凝灰岩和流纹英安岩(图2-2)。横涧次火山岩——花岗斑岩岩墙呈弧形侵入震旦系变质岩和打鼓顶组粉砂岩中。

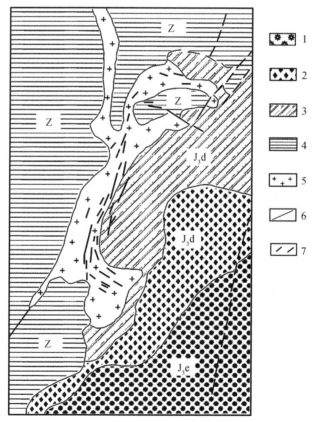

1—鹅湖岭组碎斑熔岩;2—打鼓顶组流纹质英安岩;3—打鼓顶组粉砂岩;
4—震旦系片岩;5—花岗斑岩;6—断裂;7—矿脉。

图 2-2 横涧矿床地质图

铀矿化产在花岗斑岩及其内外接触带发育的弧形构造裂隙带中,铀富集程度随裂隙带宽度和密集程度的变化而变化。此弧形构造裂隙带由一系列大小不等、走向大致平行或呈锐角相交的剪切裂隙组成,自北而南,总体走向由近南北向转向近东西向,单个裂隙一般长为 20~40 m,宽为 0.5~1 cm。含矿主岩为花岗斑岩,在打鼓顶组粉砂岩和震旦系变质岩中也有铀矿体分布。

矿体形态为脉状、群脉状(图 2-3),单个矿体大小不一,绝大多数为小脉体。围岩蚀变主要为水云母化、红化、萤石化、钠长石化,也有黄铁矿化、碳酸盐化、绿泥石化等。赋矿围岩花岗斑岩发育较为显著的钠长石化(碱交代),主要在成矿前形成。矿石中 CaO、Na_2O、Fe_2O_3 含量显著增加,SiO_2、K_2O、MgO 含量有所减少。

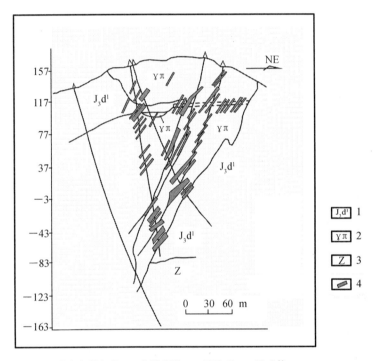

1—砂岩夹凝灰岩;2—花岗斑岩;3—震旦系;4—铀矿体。

图 2-3 横涧矿床地质剖面图

通常的观点是铀成矿可分为两个阶段,早阶段形成红化型(赤铁矿型)矿石(约 118 Ma),晚阶段形成萤石型矿石(约 90 Ma)。成矿与内生中低温火山热液作用有关。也有人认为红化型矿石与萤石型矿石属于同一期(约 90 Ma)铀成矿作用产物,萤石型矿石属于充填成矿作用产物;红化型矿石属于成矿流体渗滤成矿作用产物,矿石变红是成矿后辐射氧化的结果。

五、实习方法与步骤

(一) 资料阅读

首先按照色谱将本区地质及异常分布图着色。然后详细阅读图件和文字资料。阅读图件资料过程应注意以下几个方面。

(1) 区内出露地层及其时代、地层序列、岩石特征、接触关系。

(2) 构造特征，包括褶皱构造类型、地层时代及产状变化、形态及规模、展布特点。断裂构造的展布特点、构造性质、规模、成生联系，以及与褶皱之间的关系等。

(3) 岩浆岩的岩石类型、岩性变化、形成时代、岩体形态、产状和规模、岩体产出部位，围岩及围岩蚀变特征等。

(4) 铀矿化或铀异常的强度、规模、矿化类型、空间展布及变化特征，围岩及其蚀变特征，找矿标志及控制因素等。

(5) 区域地质背景、矿区地质特征及其他矿种的发育情况。

(6) 恢复并建立地质发展史，特别是构造活动的序次。

(二) 分析地质找矿判据和找矿信息

运用内生铀矿床成矿相关地质理论和成矿预测理论与方法，结合本区已知铀矿化、异常的赋存规律，分析本区铀成矿有利地质条件，包括地层、岩浆岩、构造及铀源等条件和对铀矿化或异常的控制作用；提取并总结区内已知的地质、物探、化探等方面的找矿信息。阐明它们的找矿意义和控制作用，区分控制铀成矿的主要因素和次要因素。

(三) 预测评判地质依据的建立及找矿远景区预测

根据工作区各种找矿地质判据和找矿信息的发育与空间展布特点，各类判据的组合情况或叠合特点、成矿地质条件和找矿信息与铀矿化之间的对应关系及其吻合程度，建立远景区预测的评判地质依据，作为评判和划分不同级别远景区的依据。

1. 圈定远景区的依据

(提示) 圈定远景区主要有以下依据。

(1) 已知矿床、矿点的分布情况。

(2) 与矿化有关的侵入体的分布及其特征。

(3) 不同构造层含矿可能性的大小及其对成矿的有利程度。

(4) 控矿构造的分布和组合特征。

(5) 物化探异常的分布情况和相互间的吻合性。

(6) 成矿有利地层或岩性的分布情况。

(7) 有利的沉积相带发育和相带分异的完善情况。

(8) 围岩蚀变种类和发育情况。

(9) 矿床共生组合和矿化分带性特征等。

2. 不同远景区级别确定的一般地质依据

依据找矿判据发育情况和找矿信息的组合特征，通常将远景区划分为三个级别。不同远景区级别确定的一般地质依据如下。

(1) 一级远景区：有工业矿床、矿点分布，成矿地质条件优越，控矿因素突出、明显，多种矿化信息集中分布。

(2) 二级远景区：成矿地质条件较好，显示有围岩蚀变、构造等有利成矿控制因素，并有明显的矿化标志和较多的物化探异常，尚未发现工业矿床，只有少数矿化点分布的地区。

(3) 三级远景区：根据地质类比，具有一定成矿地质条件，有一定的有利铀成矿控制因素发育，但依据不够充足，尚未发现直接矿化信息的地区。

用不同形式的线条圈定不同级别远景区,并标注远景区编号。在圈定远景区时,一般应圈成矩形或方形,避免三角形,以方便今后工作安排与工程布置。远景区的延伸方向应与主要控矿因素或控矿地质条件延伸方向基本一致。

(四)远景区找矿工作设计

原则上,在远景区圈定的前提下,应对远景区做出下一步找矿工作的设计,包括技术思路、技术路线、找矿方法和技术手段、找矿工作精度要求、工程布置、工作量安排与设计,最后统计各种工作方法的工作量。

(五)编写实习报告

实习报告编写内容与一般要求如下。
题目:"××地区铀成矿地质条件分析及远景预测"实习报告
(1)研究区自然地理概况与地质背景。
(2)铀矿化或异常产出特征,包括铀矿化或异常的形态、规模、空间展布与产出基本特征,围岩及蚀变特征,矿化类型分析,主要控矿因素。
(3)铀成矿地质条件分析。
(4)预测地质依据及远景区预测。
(5)各成矿远景区特征表述与工作建议(设计)。

六、实习思考题

(1)简述内生铀矿成矿预测的一般过程。
(2)简述成矿控制因素及成矿规律研究在成矿预测中的作用与意义。
(3)成矿理论与成矿预测之间的内在联系是什么?
(4)成矿控制因素与成矿地质条件的内在联系是什么?

实习三　砂岩型铀矿成矿层位预测

一、目的与任务

以伊犁盆地南缘为例,通过学习,初步掌握中新生代盆地层间氧化带砂岩型铀矿床成矿地质条件分析与潜在成矿层位预测的一般内容、方法步骤,提高理论指导找矿及综合分析的能力。

本次实习的任务是运用所学的层间氧化带砂岩型铀成矿理论,对伊犁盆地南缘铀成矿地质条件进行综合分析,阐明其成矿的有利条件和不利因素;结合已获得的铀成矿信息以及不同沉积环境下砂体发育的基本规律等相关知识,分析伊犁盆地南缘水西沟群地层结构、岩性组合等情况,预测潜在砂岩型铀矿成矿层位,讨论潜在不同砂岩型铀成矿层位的成矿特点,进一步提出探索工作建议。

二、实习课时

本次实习要求在4个学时内完成。

三、实习要求

(1)认真阅读并分析所附的地质资料,分析并总结伊犁盆地南缘铀成矿作用的基本特点与成矿规律。

(2)运用层间氧化带砂岩型铀矿床成矿作用理论,阐述伊犁盆地南缘砂岩型铀成矿地质条件,分析铀成矿有利条件与不利因素。

(3)预测潜在砂岩型铀矿找矿目标层位。

(4)依据沉积环境及其成矿作用特点,提出有针对性的合理化找矿工作建议。

(5)编写实习报告。

四、实习资料

(一)区域地质概况

伊犁盆地位于新疆维吾尔自治区西部。盆地北依科古琴山,南临察布查尔山褶皱带(图3-1),呈东窄西宽的楔状,向西延入哈萨克斯坦共和国境内,是在中天山与北天山之间晚古生代裂陷槽基础上发展演化而成的陆相中新生代山间沉积盆地,在我国境内面积约为16 600 km^2。结晶基底为加里东至华力西褶皱带胶结的前寒武纪的微板块(中间地块),主要由一套低变质的碎屑岩和混合岩构成;直接基底为上古生界石炭-二叠系海相、海陆交互相碎屑沉积岩、火山碎屑岩和酸性火山岩等。盆地沉积盖层以三叠系、侏罗系为主,白垩系及上覆地层发育不全。

伊犁盆地大致以近东西向展布的伊犁河谷为界,分为构造格局差异较为显著的南、北两部分。盆地南北两翼呈不对称构造,盖层总体呈现为北陡南缓的构造。北侧地层褶皱以及断裂构造发育,断块作用较为明显;南侧地层总体以缓倾斜的构造单斜带为特点,地层倾向为北,倾角 5°~8°。

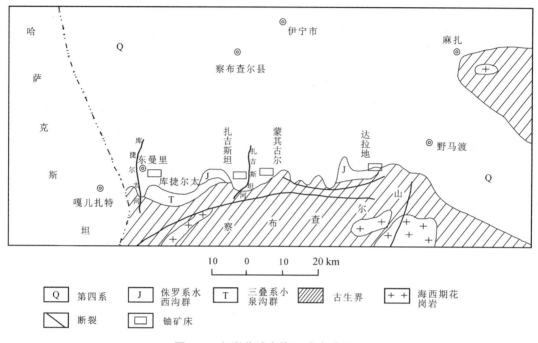

图 3-1 伊犁盆地南缘区域地质略图

盆地中心沿伊犁河谷及其两侧,发育有较多的上升泉或下降泉,局部沼泽化,表现出区域地下水排泄区特点。盆地南部地表地貌总体表现为山前冲积平原斜坡带,除盆缘偶见有沉积地层出露外,广泛为第四系覆盖;南部盆缘除发育有南北向展布的库捷尔太河、扎吉斯坦河等一系列规模不等的河(溪)流外,往往在基岩区(盆缘蚀源区)可见有泉眼发育,泉水中往往发育氡子体异常。

盆地南缘先后经历了印支末期—燕山期—喜山期构造运动。印支末期、燕山期构造运动以较为稳定的整体抬升、下降为主要特征,形成了多个微角度或平行不整合面(T_{2+3qq} ~ $J_{1-2}sh$;$J_{1-2}sh$ ~ K_2q;K_2q ~ R;R ~ Q)。喜山早期构造运动在盆地南缘不同地段的表现强度及其影响程度有差异,大致以扎吉斯坦河为界,西部影响程度较弱,由南往北呈现为简单的构造单斜带,仅沿走向(东西向)呈现为舒缓的背斜和向斜构造,地层产状平缓;东部则影响程度相对较强,主要体现在沿走向(东西向)发育较为紧密相间排列的背斜和向斜构造,边缘部位盆地盖层与南部察布查尔山褶皱带以断层接触、地层产状直立甚至倒转,向盆内迅速转缓。

燕山期后构造的适度抬升与改造作用,使得伊犁盆地南缘沉积地层与地表水系建立了水力联系,为潜在含矿砂体层间氧化作用发育必须的补-径-排水动力体系的建立提供了条件。

(二)盖层结构与沉积特征

伊犁盆地沉积盖层包括三叠系小泉沟群(T_{2+3xq})、中下侏罗统水西沟群($J_{1-2}sh$)、白垩系齐古组(K_2q)、第三系(R)(图3-2)。

层位	群(组)	地层柱状图	旋回	厚度/m	层理	岩性特征	沉积环境		铀矿化
第三系	R	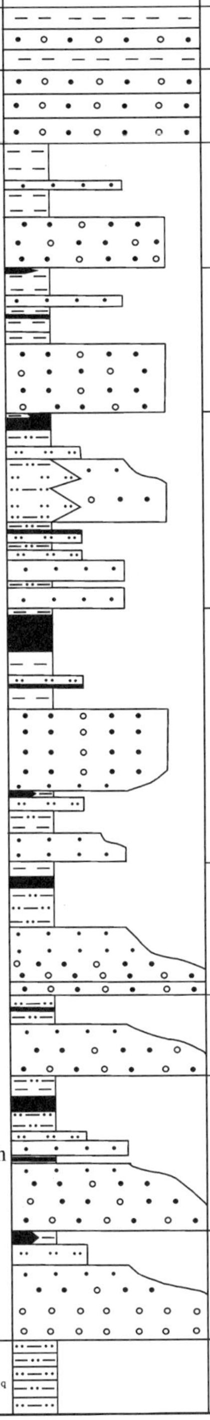		>60		棕红色、红色泥岩与砂砾岩互层			
白垩系	齐古组			>20		红褐色、杂色砂砾岩 / 钙质砂岩 / 钙质砂砾岩 / 砂岩 / 泥岩 / 钙质胶结			
中下侏罗统 $J_{1-2}sh$	水西沟群		Ⅷ	31~36	斜层理 交错层理	杂色泥岩夹细砂岩 灰色、黄色含砾中粗砂岩 第12煤层	河流沉积体系		上部煤层有铀矿化
			Ⅶ	38~47	平行层理 斜层理	灰黑色、灰色泥岩/泥质粉砂岩或粉砂质泥岩夹细砂岩 灰色含砾中粗砂岩 第10煤层		三角洲前缘沉积	上部煤层有铀矿化
			Ⅵ	37~48	平行层理	泥岩/泥质粉砂岩/粉砂质泥岩,偶夹含砾粗砂岩 灰色中细砂岩与泥质粉砂岩互层 灰黑色细砂岩、粉砂岩、泥岩互层,夹有煤线 第8煤层 泥质粉砂岩或粉砂质泥岩、粉砂岩、泥岩	三角洲沉积体系		铀矿体
			Ⅴ	52~78	交错层理 斜层理 平行层理	灰色、黄色或红色含砾中粗砂岩夹细砂岩 第6煤层 粉砂质泥岩、泥质粉砂岩及粉砂岩		三角洲平原分流河道沉积	上部煤层有铀矿化
			Ⅳ	27~36	交错层理 斜层理	第5煤层 泥质粉砂岩、泥岩 灰色、黄色砂砾岩/含砾中粗砂岩/中细砂岩	冲积扇沉积体系	辫状河沉积	
			Ⅲ	22~25	槽状层理 块状层理	粉砂质泥岩、煤线 灰色砂砾岩,往上逐渐递变为中细砂岩			
			Ⅱ	28~35	波状层理 水平层理 槽状交错层理	第3煤层 粉砂岩、泥质粉砂岩或粉砂质泥岩 煤线、泥岩、泥质粉砂岩 底部砂砾岩或泥岩,往上递变为含砾中粗砂岩/砂砾岩			
			Ⅰ	24~31	水平层理 槽状交错层理	第1煤层、粉砂质泥岩、粉砂岩、泥岩 细砾岩、砂砾岩、含砾中粗砂岩夹细砂岩		扇根沉积	煤层中发育铀矿化
三叠系	$T_{2+3}xq$			>40		紫灰色、杂色泥质粉砂岩/泥灰岩			

图 3-2 伊犁盆地南缘沉积盖层柱状图

1 三叠系小泉沟群(T_{2+3xq})

三叠系小泉沟群(T_{2+3xq})主要由一套紫红色、杂色泥质粉砂岩、泥灰岩组成，夹有多层中细砂岩，为干旱气候条件下沉积产物。

2. 中下侏罗统水西沟群($J_{1-2}sh$)

中下侏罗统水西沟群($J_{1-2}sh$)为一套潮湿气候条件下形成的含煤碎屑沉积岩系。岩性类型主要包括灰色、暗灰色、灰黑色的砾岩、砂砾岩、中粗粒砂岩、细砂岩、粉砂岩、泥岩、煤等。区域上，该层位内由下往上依次发育有12层煤，不同层位煤层空间展布稳定程度不一，其中以第5、8、10煤层最为稳定，可作为区域对比的标志层。自下而上，水西沟群可划分为八个沉积旋回，分别以代号Ⅰ、Ⅱ、Ⅲ、Ⅳ、Ⅴ、Ⅵ、Ⅶ、Ⅷ予以标示(图3-2)。构成不同层位砂体的砂岩或砾岩的碎屑颗粒粒径差异明显，粒径大小与沉积环境密切相关；砂体均为泥质胶结，杂基支撑，其中往往可见含量不一的黄铁矿和碳化植物碎屑；普遍具有良好的泥-砂-泥地层结构。

沉积环境研究表明，Ⅰ~Ⅳ旋回沉积物粒度普遍较粗，砂体或砾岩体厚度占比大，第1~4层煤在空间稳定性差。属冲积扇沉积体系产物，沉积成因相包括扇根—扇中沉积、扇平原辫状河道沉积及扇间沼泽沉积等。其中，Ⅰ、Ⅱ旋回为扇根-扇中沉积，由此形成的砂体通常以中粗砂岩为主；Ⅲ、Ⅳ旋回逐渐演变为冲积扇平原砾质辫状河沉积，以细砂岩或砂砾岩、含砾粗砂岩为特征。

Ⅴ~Ⅵ旋回(介于第5~10煤层之间)主要为扇三角洲或辫状三角洲沉积体系产物，第5、8、10煤层在空间上发育稳定，具有良好的可比性。其中，第Ⅴ旋回主要属三角洲平原分流河道体系沉积，可进一步划分出V_1、V_2、V_3亚旋回，以V_2亚旋回砂体区域发育最为稳定，V_1、V_3亚旋回砂体在南缘不同区段发育程度不一；第Ⅵ旋回主要属三角洲前缘沉积，以薄层细砂岩、泥岩频繁互层为典型。

Ⅶ~Ⅷ旋回(位于第10煤层以上)主要为辫状河流沉积体系产物。在第10、12煤层的上部各发育一层厚度、延伸规模不等的砂体，砂体在东西走向上存在较大的不稳定性。

3. 白垩系齐古组(K_2q)

白垩系齐古组(K_2q)主要由一套红褐色、杂色砂砾岩、钙质砾砂岩组成，间夹有砂岩、泥岩，钙质胶结。与水西沟群之间呈现为平行不整合或微角度不整合。属干旱气候条件下沉积产物。

4. 第三系(R)

第三系(R)包括古近系(E)和新近系(N)，主要由一套棕红色、红色泥岩与砾岩互层组成，呈角度不整合覆盖于下伏地层之上，属干旱气候条件下沉积产物；后者分布较为局限，集中于伊犁盆地中央或其北部地区。

(三)铀矿化特征

现已在伊犁盆地南部中下侏罗统水西沟群地层发现了达拉地铀矿床、蒙其古尔铀矿床、扎吉斯坦铀矿床、库捷尔太铀矿床，以及众多铀异常点、矿化点。

基于现阶段勘查成果与认识，对上述矿床铀成矿基本特点简介如下。

1. 达拉地铀矿床

达拉地铀矿床位于盆地南缘的东端。铀矿赋矿层位主要为第1煤层，矿体主要呈板状。露头观察表明，含铀煤层上部通常直接被冲积扇辫状河道沉积砂体覆盖，砂体主要由砾岩或砂砾岩构成;砾岩或砂砾岩为微细粒砂泥质杂基支撑,胶结物呈黄色、黄褐色。

2. 蒙其古尔铀矿床

蒙其古尔铀矿床位于伊犁盆地南缘的中段。铀矿赋矿层位主要为第10煤层的靠上部位,以板状矿体为特点。钻孔揭露表明,当煤层上部直接被第Ⅶ旋回砂体覆盖,且砂体中的砂岩颜色呈现为浅黄色、黄褐色时,煤层中往往发育铀矿化;当煤层与上部砂体之间存在稳定的灰色或暗灰色泥岩或泥质粉砂岩、粉砂质泥岩层时,第10煤层通常无铀矿化,铀矿化主要赋存于煤层上部的泥岩或泥质粉砂岩、粉砂质泥岩的顶部。

3. 扎吉斯坦铀矿床

扎吉斯坦铀矿床位于盆地南缘的中段,蒙其古尔铀矿床的西侧,在地理空间上,扎吉斯坦铀矿床与蒙其古尔铀矿床彼此衔接。在扎吉斯坦地段,水西沟群Ⅴ旋回可进一步划分为V_1、V_2、V_3亚旋回,分别对应于第5~6煤层、第6~7煤层和第7~8煤层。该矿床最先(20世纪60年代末)在第6煤层中发现含铀煤型铀矿,并以此作为铀矿找矿目的层开展系列勘查工作,落实为含铀煤型铀矿床。在20世纪90年代中后期,以层间氧化带砂岩型铀成矿理论为指导,对该矿床及其外围开展了探索与勘查评价工作,先后于V_1、V_2亚旋回沉积砂体中发现了砂岩型工业铀矿体,成为煤岩型-砂岩型混合铀矿床。勘查成果表明,第6煤层中铀矿主要发育于煤层上部直接被黄色砂岩覆盖的部位;V_2亚旋回中砂岩型铀矿位于煤岩型铀矿体的北部,矿体呈卷状、似卷状或板状,铀成矿作用受砂体中发育的层间氧化作用制约,矿体定位于层间氧化带的前锋线外侧或其两翼。

4. 库捷尔太铀矿床

库捷尔太铀矿床位于盆地南缘的西端。已有勘查工作显示,库捷尔太铀矿床中V_1、V_2亚旋回不发育,铀矿主要发育于水西沟群V_2旋回砂体中,砂体具有良好的泥-砂-泥结构,赋矿主岩为粗砂岩、含砾粗砂岩或中细砂体等,铀矿体形态以卷状为特征,部分呈板状,定位于Ⅴ旋回砂体中层间氧化带的外缘,属层间氧化作用成因的砂岩型铀矿。此外,钻孔初步揭露发现,在水西沟群Ⅲ~Ⅳ旋回和Ⅷ旋回砂体中发育有层间氧化与铀矿化现象。

五、实习方法与步骤

(一) 资料阅读

基于本实习提供的文字资料,结合文献查阅,了解、分析并总结伊犁盆地南缘的区域构造特征、盖层结构、地层及其岩性组成、沉积环境及其时空变化、沉积演化史、古气候演变史、构造演化史、补-径-排水动力体系、铀成矿特点与成矿规律、铀成矿控制因素等内容。

(二) 砂岩型铀成矿地质条件与成矿信息分析

运用层间氧化带砂岩型铀成矿地质理论,结合相关地质现象及已知铀矿成矿特点与规律,分析伊犁盆地南缘砂岩型铀成矿有利与不利地质条件,包括构造条件、补-径-排水动力条件、铀源条件、地层条件、砂体条件、古气候条件、层间氧化作用条件、还原剂或吸附剂条件等,阐明已知铀矿化的成矿作用特点以及主要制约因素。

(三) 潜在砂岩型铀矿找矿目标层位预测

基于层间氧化带砂岩型铀成矿地质理论,结合水西沟群不同旋回的沉积环境及其沉积特点,对伊犁盆地南缘潜在砂岩型铀矿找矿目标层位做出预测。分析不同层位的铀成矿潜力与成矿作用特点。

(四)提出砂岩型铀矿找矿工作建议

在潜在砂岩型铀矿找矿目标层位预测基础上,基于不同层位砂体的沉积特点与空间发育特征,提出伊犁盆地南缘后续砂岩型铀矿找矿的合理化探索工作建议,如主要找矿层位、探索性(或次要)找矿层位、找矿方法、探索性钻探工程部署原则、钻孔间距与深度等。

(五)编写实习报告

实习报告编写内容与一般要求如下。
题目:"伊犁盆地南缘砂岩型铀矿成矿层位预测"实习报告
(1)伊犁盆地自然地理概况。
(2)盆地南缘地质概况:区域构造、盖层结构与地层组成、水西沟群沉积环境、地质演化史等。
(3)铀成矿特征及控矿因素分析:典型铀矿床介绍、铀成矿类型、铀成矿特点与成矿规律、控矿地质因素、成矿作用机理等。
(4)砂岩型铀成矿地质条件与成矿信息分析。
(5)潜在砂岩型铀矿找矿目标层位预测及其依据。
(6)砂岩型铀矿找矿工作建议。

六、实习思考题

(1)内生与外生铀矿成矿预测的主要异同点是什么?
(2)简述层间氧化带砂岩型铀成矿预测评价的内容体系。
(3)简述层间氧化带砂岩型铀矿的勘查工程部署方案与特点。

实习四 钻孔岩心地质编录

一、实习目的

明确钻孔岩心地质编录的内容及要求。通过实际操作掌握岩心地质编录方法,特别要掌握岩心采取率和换层深度的计算方法。

二、方法原理

钻孔开工后,地质编录人员在钻探现场的编录工作包括如下内容。

(一)根据钻探班报表检查孔深和进尺

设钻具总长为 L,机台高度为 P,主动钻杆的机上余尺为 c,则本回次孔深 H_2 为

$$H_2 = L - P - c$$

本回次进尺 L_1 为本回次孔深 H_2 与上一回次孔深 H_1 之差,即

$$L_1 = H_2 - H_1$$

(二)检查岩心

(1)检查岩心的放置是否按岩心自然顺序正确放在岩心箱内。
(2)检查岩心编号是否正确及岩心长度丈量是否准确。
(3)核对岩心牌上的数据。

(三)岩、矿心采取率计算

岩、矿心采取率是单位进尺的岩、矿心长度的百分数,即

$$岩心采取率 = \frac{岩心长度}{取心孔段长度} \times 100\% \qquad (4-1)$$

根据取心孔段的不同情况分为回次岩心采取率和分层岩心采取率。

1. 回次岩心采取率计算

图 4-1 是钻孔采取岩心示意图。上一回次的孔深为 H_1,残留进尺为 S_1。从孔深 H_1 继续向下钻进,本回次的孔深达到 H_2,残留进尺为 S_2。

从钻孔中取出岩心,其长度为 m,$m = m_1 + m_2$(图 4-1),与这一段岩心相应的进尺 M 为

$$M = L_1 + S_1 - S_2$$

回次岩心采取率 K 为

$$K = \frac{m}{M} \times 100\% = \frac{m}{L_1 + S_1 - S_2} \times 100\% \qquad (4-2)$$

当无残留岩心时,回次岩心采取率 K 为

$$K = \frac{m}{L_1} \times 100\%$$

残留岩心是指在采取岩心时,未能取出而残留在孔内的岩心根部。由于残留岩心位于每回次的底部,磨损消耗不大,所以理论上认为本次残留岩心长度与本次残留进尺相等。但要求将岩心卡牢,提钻时不致向下滑动,这时测量结果方为准确。

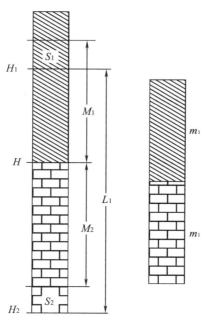

图 4-1 岩心采取率计算示意图

由图 4-1 可以看出,当有残留岩心时,本回次进尺与本回次所取岩心的深度范围显然不一致。式(4-2)中对残留岩心做如此处理,其实质就是使进尺范围与采取岩心的范围互相吻合,以便计算。

2. 分层岩心采取率计算

$$\text{分层岩心采取率} = \frac{\text{分层岩心长度}}{\text{分层进尺}} \times 100\% \quad (4-3)$$

分层岩心长度为相邻各回次同一岩性的岩心长度之和;分层进尺则是该分层面的孔深与顶面的孔深之差。

(四) 换层深度计算

钻孔岩心中,不同地层或岩石界面出现的深度称为换层深度。换层深度的计算分为以下两种情况。

(1)当地层或岩石界面出现在某回次岩心的末端时(图 4-1),则

$$H = H_2 - S_2$$

式中 H——换层深度,m;

H_2——本回次累计进尺,m;

S_2——本回次残留进尺,m。

(2)当地层或岩石界面出现在某回次岩心的中间时,则

$$M_1 = m_1 / K_1$$
$$M_2 = m_2 / K_1$$

换层深度 H 为

$$H = H_1 + M_1 - S_1$$

或

$$H = H_2 - M_2 - S_2$$

(五) 轴心夹角测量

轴心夹角是岩心轴与各种结构面(层面、断裂面、节理面、偏理面等)的夹角。测量轴心夹角是钻探编录的一项重要工作。测量到的轴心夹角是局部产状,对研究矿体构造很有用。测量轴心夹角有如下方法。

1. 测量法

测量法指采用量角器或测斜仪测量轴心夹角。有些单位制作了岩心量角器,用岩心量角器测量较准确、方便。岩心量角器如图 4-2 所示,将角度值绘在透明薄膜上,量轴心夹角时,将其包裹在岩心上,并使其下(上)端线重合成一直线,量得轴心夹角。

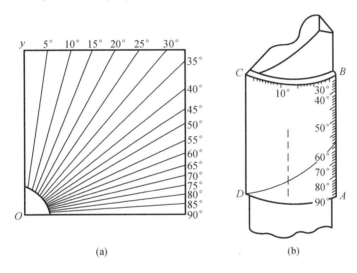

图 4-2 岩心量角器及其操作示意图

2. 计算法

如图 4-3 所示,岩心是圆柱体,任意倾角的平面与其交切,得到的切面为椭圆。椭圆的长、短轴分别为 d_1 和 d_2。轴心夹角 α 是椭圆长轴 d_1 与岩心长度方向的夹角,有

$$\sin \alpha = d/d_1$$

由于岩心直径长度 d 等于椭圆短轴长度 d_2,于是得

$$\sin \alpha = d_2/d_1$$

$$\alpha = \arcsin(d_2/d_1) \quad 0 < \alpha < \frac{\pi}{2}$$

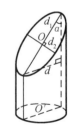

图 4-3 计算法示意图

(六) 孔深验证

钻孔深度是通过丈量孔内钻具的总长而求得的,等于钻具总长减去孔上余尺。

丈量钻具验证孔深的工作,应按一定深度及时进行,特别是在见到矿体、重要标志层和下套管前后的时候。孔深允许误差为 1/1 000,误差小于此数可直接修正记录孔深;大于此数则应进行合理平差。

地质编录人员的主要任务是看钻探原始班报表记录是否及时、计算是否准确、与岩心牌记录是否吻合、孔深校正工作是否按要求完成,如有错误应要求及时纠正。

(七) 封孔、立标

钻孔终孔后,根据各个矿区的具体情况,有的需要封孔。封孔前应提交封孔设计,明确封孔的孔段及其技术要求。要抽查封孔的质量。

施工结束后,在孔口的位置立标,标明钻孔的孔号及施工日期和单位。

(八) 终孔验收和小结

对完工钻孔必须进行终孔验收。验收工作由施工单位、地质单位的技术人员和有关领导一起进行。同时还应做地质小结,其内容主要有:钻孔设计的目的和施工结果,钻孔质量评述,主要地质成果和对地质矿产的新认识、经验教训,等等。

三、实习要求

(1) 仔细阅读"方法原理"部分的内容,对岩心钻探地质编录有全面的了解。
(2) 每个小组编录岩心两箱。
(3) 按编录步骤逐一填写编录表格(附表 1)中的内容要求,掌握岩心采取率、换层深度的计算方法。
(4) 每个同学提交原始编录及综合柱状图各一份。

四、实习步骤

(1) 仔细检查岩心,核对岩心牌,并将岩心牌上的原始数据填入"岩心地质编录表"(附表 1)相应栏。
(2) 计算回次岩心采取率。
(3) 按回次由下往上,仔细观察岩心,根据岩石、矿石特征将其分层。在有两种(或两种以上)不同岩性的回次,丈量不同岩性的岩心长度。
(4) 计算换层深度。
(5) 计算分层岩心采取率。
(6) 测量(或计算)轴心夹角。
(7) 分层描述,描述各层的岩性、矿物成分、结构、构造和矿化等现象及其变化情况。
(8) 按比例尺,绘编录柱状图和编录综合柱状图。

五、实习资料

钻孔岩心实物。

六、实习思考题

(1) 在完成具体的岩心地质编录后,您有什么体会?
(2) 岩心地质编录过程中,要注意哪些环节,有何建议?

实习五　坑道地质编录

一、实习目的

通过实际操作,掌握坑道编录的基本工作方法。

二、实习要求

(1)熟悉坑道内地质现象的观察方法。
(2)正确绘制坑道原始编录图件(编录比例尺 1:50),并简明扼要地进行文字描述。
(3)编录方法采用压塌法(又叫透视展开法),每人交一份编录图。
(4)地质编录应与物探编录配合进行统一起点,统一基线,统一比例尺,此实习只做地质编录。

实习在假设坑道(人防工程)中进行。

三、实习方法与步骤

坑道编录一般编录两壁一顶。坑道编录的展开方法有压塌法、旋转法和两壁摊开法。本次实习采用压塌法进行坑道地质编录。

压塌法是将坑道两壁底边向外拉开,顶板自然下落,形如向下把坑道压平。这种展图法的特点是两壁的下边朝外,上边朝内,顶板在两壁之间,构成坑道的俯视图。此法的特点是顶、壁地质现象彼此衔接,利于阅读和检查,是坑道编录中常用的方法。

压塌法的基本方法与步骤如下。

(一)布置坑道地质编录控制网

坑道地质编录控制网由顶板中线,两条顶、壁分界线和两壁腰线共五条线组成。

第一步,根据顶壁交界的形态变化,用红漆画出两条顶、壁分界线,一般是不规则的曲线。

第二步,在矿山工程测量导线点(在主巷道顶板中央,有木桩做标记)上挂白线绳引出坑道顶板中线,用红漆将中线画在顶板岩石上。

第三步,由主巷道壁上的腰线木桩向坑道壁引腰线(一般离坑道底 1 m 高处),并用红漆画出腰线。

第四步,在坑道顶板中线上挂皮尺,以坑口为零米点,按 1 m 间距用红漆标绘距离控制点。然后沿垂直中线的方向,将距离控制点投绘到顶壁分界线和腰线上构成地质编录控制网。

(二)测绘坑道顶壁轮廓图

先在适当大小的厘米纸上适当位置画三条平行线,中间一条为顶板中线,两边两条分别代表左右两壁的腰线。三条线的间距应保证顶壁轮廓图之间有 1 cm 左右的间隔。

然后测绘顶、壁轮廓图,由两人协作进行。一人量距,一人绘图。测绘由坑口或本次编录起点开始,在中线上每隔一定距离依次测绘到终点。测量间距视坑道轮廓规则情况而定,轮廓规则间距可长点,反之应测量点应增多。测量遵循从左到右、先上后下、先顶后壁的原则,即先测量左壁宽、右壁宽;再测量左壁腰上、腰下壁高;然后测量右壁腰上、腰下壁高。依次前进,并将测量数据报给绘图者。报数据的方法与测量过程的先后一致,如中线 5 m 处,中线左 80 cm,中线右 1.2 m;左壁腰线上 80 cm,腰线下 1 m;右壁腰线上 70 cm,腰线下 1 m。

绘图者根据测量之数据投绘相应的测量点,最后将整个坑道的顶、壁投绘点对应连接,即构成坑道轮廓图。

(三) 地质编录与描述

在上述控制网及其轮廓图编制的基础上现场进行。从坑口或本次编录起点开始对坑道内各种地质现象进行仔细观察,对观察到的地质界线,如地层(岩石)分界线、断裂构造线(或界面)、蚀变带分界线等,分别测量其与中线、腰线的交点位置以及与壁顶交线、壁底交线的交点位置。绘图者依据测量数据及实际情况分别用不同的花纹图例投绘在坑道轮廓图上,并做相应的描述,记录它们的产状。

编录工作结束后,要对编录段进行系统的地质描述。描述要实事求是,重点突出,简明扼要,不得遗漏重要的地质现象。最后编制图例、责任表,完成整个图件。

需要说明的是,在实际工作中,经常遇到因地质或生产需要,坑道方向发生改变。当坑道方位改变大于 10°时,应采用分段编录或开口式编录。

四、实习工具

皮尺、白线绳、图纸夹、厘米纸、2 米钢卷尺、量角器及直尺、红油漆、毛笔、手电筒(照明用)、罗盘、铅笔。

五、实习组织

统一示范讲解、分组实际操作。

每小组 5~6 人,2 人负责拉基线及测量工作,其余同学每人绘制一份编录图。

实习六　钻孔轨迹投影

一、实习目的

钻孔轨迹投影(钻孔弯曲度校正)是制作各类剖面图、矿体投影图时投绘钻孔资料的必要步骤。通过本实习使学生掌握该项技能,为综合图件编制打好基础。

二、方法原理

(一)钻孔投影的原始资料

钻孔投影是根据系统的孔斜测量结果进行的,即根据在一定的孔深所测量的钻孔天顶角和方位角进行。其钻孔孔斜测量数据如表6-1所示。

表6-1　某钻孔孔斜测量数据

测点编号	测量深度/m	天顶角/(°)	方位角/(°)	备注
0	0	10	35	钻机安装时的倾角和方位角
1	50	12	45	
2	90	13	40	
3	125	15	50	

(二)各测斜点的控制深度和控制距离的计算

各测斜点的控制深度按二分之一法计算,即设在 $i-1$、i 和 $i+1$ 点的测量深度分别为 h_{i-1}、h_i 和 h_{i+1}($i=1,2,\cdots,n$),则该测点上、下控制点的控制深度分别为 $h_{i上}$、$h_{i下}$:

$$h_{i上}=\frac{h_i+h_{i-1}}{2}$$

$$h_{i下}=\frac{h_i+h_{i+1}}{2}$$

其中,$h_0=0$(地表),$h_{n+1}=$ 终孔深度。

控制距离则为上、下控制点控制深度之差 $h_{i下}-h_{i上}$。钻孔设计孔斜的控制深度从孔口向下到第1测点深度的一半;最后一个测点的控制深度向下一直延伸到终孔深度(表6-2)。

表6-2　某钻孔投影计算数据

计算孔段深度/m			倾角/(°)	方位角/(°)	备注
上控制点	下控制点	控制距离			
0	25	25	80	35	

表6-2(续)

计算孔段深度/m			倾角/(°)	方位角/(°)	备注
上控制点	下控制点	控制距离			
25	70	45	78	45	
70	107.5	37.5	77	40	
107.5	134.5	27	75	50	134.5为终孔深度

(三)解析法

1. 控制距离间线段的投影

线段投影原理是钻孔投影的基础。由于勘查线地质剖面垂直于矿体走向布置,所以最常用的是垂直投影。下面介绍垂直投影的方法原理。

如图6-1所示,AB是空间线段。A点在与勘查线剖面平行的垂直投影面P上,B点在水平投影面Q上。A点在Q平面上的投影为O。OB为AB的水平投影。OB方向为AB的方位,其方位角为ω。AB的倾角为β,顶角为α。过B点向P、Q两平面的交线引垂线,交于C点。OC方向为投影面P的方位,方位角为ε,这也就是剖面的方位角。剖面方位与线段方位的夹角φ为

$$\varphi = \omega - \varepsilon$$

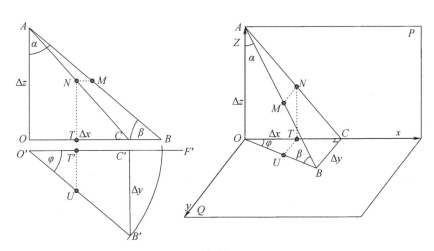

图6-1 钻孔投影原理图

AC为AB在P平面上的投影。这样一来,将线段AB分解为在垂直方向上的分量$\Delta z(AO)$,在剖面方向上的分量$\Delta x(OC)$和偏离剖面的分量$\Delta y(BC)$。

坐标系统如图6-1所示。x为剖面方向;y为垂直于剖面的方向(即偏离剖面方向),在x方向左侧为负,右侧为正;z为铅直方向,向上为正,向下为负。

令线段AB的长度为L,由图6-1可得

$$\beta = 90 - \alpha$$
$$\Delta z = L\sin\beta$$
$$OB = L\cos\beta$$
$$\Delta x = OB\cos\varphi = L\cos\beta\cos\varphi$$
$$\Delta y = OB\sin\varphi = L\cos\beta\sin\varphi$$

2. 各控制点坐标的计算

已知 A 点的坐标为 (x_i, y_i, z_i)，欲求 B 点的坐标 $(x_{i+1}, y_{i+1}, z_{i+1})$。如果已计算得到两点间的增量 Δx、Δy、Δz，则

$$\begin{cases} x_{i+1} = x_i + \Delta x \\ y_{i+1} = y_i + \Delta y \\ z_{i+1} = z_i - \Delta z \end{cases}$$

若孔口坐标已测定，在求得各段的坐标增量后，就可根据上述三个等式依次计算，得到各控制点的坐标。根据各测点的 Δz 和 Δx 投在剖面图上。然后连接各点，就得到钻孔在剖面图上的投影；根据 Δx 和 Δy 投在平面图上，可画出钻孔轴线的水平投影线。在水平投影线上，矿层中点或揭穿点等特殊点要进行投影。

(3) 钻孔中地质界线点的投影

地质界线点的投影计算，首先要确定该点落在哪个孔段，也就是要确定用于计算的倾角、方位角的数值。然后，要确定该点距计算孔段上控制点的距离，以便计算坐标增量。

例如，在上例中，设灰岩与页岩的换层深度为 72.5 m。从表 6-2 可知，是计算孔段 70~107.5 m 的一个点。与上控制点的距离为 72.5 m−70 m＝2.5 m。用该计算孔段的倾角、方位角的数值代入前述公式，计算出线段 2.5 m 的坐标增量 Δx、Δy、Δz。再根据上控制点的坐标和坐标增量 Δx、Δy、Δz 代入公式，即可计算出灰岩与页岩换层点的坐标。

(四) 作图法

1. 钻孔轨迹投影

投影制图时，首先将图纸分为上、下两部分。上部绘垂直剖面 P 的内容，下部绘水平剖面 Q 的内容。对于每个孔段都有如下作图步骤。

(1) 上半部，根据顶角 α 和线段 AB 的长度，作直角三角形 AOB，AO 为垂直分量 Δz，OB 为水平分量（图 6-1）。

(2) 下部作一条与 OB 平行的直线 $O'F$，起点 O' 为 AO 延长线与 $O'F$ 的交点，以 O' 为圆心，OB 为半径画弧。

(3) 从 O' 引射线 $O'B'$，使 $O'B'$ 与 $O'F$ 的夹角为 φ，B' 点是射线与弧的交点。

(4) 过 B' 点向 $O'F$ 引垂线，交于 C' 点，$O'C'$ 为线段 $O'B'$ 的 x 分量，$B'C'$ 为线段 $O'B'$ 的 y 分量。

(5) 将下半部的 C' 点投到上半部，在线段 OB 中间交于 C 点，连接 AC 即得到线段 AB 在平行于勘查线剖面的 P 平面上的投影。

整个钻孔的投影是分段投影的矢量和，即是各段重复上述方法作图，将相对应分量线段依次相连，最终得到钻孔投影图。

2. 钻孔中地质界线点投影

在已有钻孔投影线的基础上，地质界线点的投影步骤如下。

(1) 在投影图上半部空间线段（相当于 AB 线段）连线上，根据换层深度找出分层点（如图 6-1 上的 M）。

(2) 从 M 点引水平线，在垂直投影线（相当于 AC）上交于 N 点，即为地质界线点在垂直剖面上的投影。

(3) 将 N 点投到水平线 OB 上，得 T 点。

(4) 在平面图上，从 T'（T 点与 T' 点是同一点在垂直投影面和水平投影面上的不同符号）作 $O'F$ 的垂线交 $O'B'$ 线（水平投影线）于 U 点，此点即为地质界线点在水平投影面上的投影。

(五)地理坐标正投影法

需要说明的是,前述解析法计算所得的是剖面上相对于孔口或某一假设点的坐标增量,与地理坐标系统的坐标是不同的,不要把两者混淆起来,两者之间的关系如图6-2所示。只有勘查线方位与经线或纬线一致时,两者才是统一的。其基本方法原理如下。

依次计算各控制点及地质分层点的地理坐标增量 Δx、Δy、Δz,然后计算各控制点和分层点的地理坐标 x_i、y_i、z_i。具体计算方法与计算等式由学生独立思考。

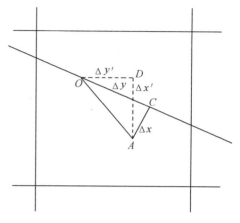

图6-2 钻孔剖面增量与坐标增量关系

在厘米纸或白磅纸上作图,分为上下两部分,上部是勘查线剖面的内容,下部为地理坐标平面网的内容。依据孔口地理坐标及上述计算所得的控制点和分层点的地理坐标 (x_i, y_i),分别确定它们在地理坐标平面网中的平面投影点,并依次用折线相连。从投影点分别向上引垂线,与该点海拔高度 z_i 的水平线相交会得一交点,该交点即为相应的控制点或分层点在勘查线剖面上的投影点。将勘查线上钻孔的各投影点首尾相接,依次相连,最终得到钻孔投影图。

要特别指出的是,利用地理坐标正投影法进行钻孔投影时,下部的地理坐标平面网要进行一定方位的转动,直到下部的勘查线方位与上部的勘查线剖面平行。

三、实习步骤

(一)用解析法进行钻孔投影

(1)根据表6-3所给出的数据和计算格式,计算出钻孔各控制点的坐标。

(2)根据表6-4所给出的数据和计算格式,计算出钻孔各分层点的坐标。

(3)以1:1 000的比例尺,根据各控制点坐标,在剖面图下方的平面图上(附图6),绘出孔口投影、控制点、地质分层点和见矿中心点的投影。

(4)从各投影点向上引垂线,依据相应的海拔高度,确定在剖面图上的投影点,依次相连,绘出钻孔的垂直投影线。

(5)在剖面图上,根据分层点的分层位置,沿钻孔投影线绘出1 cm宽的岩性花纹。

(二)用作图法进行钻孔投影

(1)根据表6-3所给出的孔斜测量和孔段划分数据,以1:1 000的比例尺,根据各控制点坐标,在剖面图上绘出钻孔的垂直投影线。

(2)在剖面图上,根据分层点坐标,投绘出分层位置,并绘出1 cm宽的岩性花纹。

(3)在剖面图下方的平面图上,绘出孔口投影和见矿中心点投影。

四、实习资料

(1)表6-3,钻孔控制点投影计算表;

(2)表6-4,钻孔分层点投影计算表;

(3)钻孔投影图(附图6)。

实习六 钻孔轨迹投影

表6-3 ××××钻孔控制点投影计算表

钻孔孔口相对坐标（72.4,0.00,542.74）

计算孔段深度/m		原始钻孔测斜结果			钻孔方位与剖面方位夹角 φ	剖面方位角 ε	L 垂直分量 Δz/m $L\sin\beta$	L 水平分量 OB/m $L\cos\beta$	L 沿剖面分量 Δx/m $OB\cos\varphi$	L 偏离剖面分量 Δy/m $OB\sin\varphi$	下控制点坐标		
上控制点	下控制点	控制距离 L	深度/m	倾角 β /(°) (90−α)	方位角 ω /(°)	$\omega-\varepsilon$						高程 z $z_{i+1}=z_i-\Delta z$	距剖面起点距离 x $x_{i+1}=x_i+\Delta x$	偏离剖面距离 y $y_{i+1}=y_i+\Delta y$
0	25	25	0	78°00′	312°30′	0°00′	312°30′	24.45	5.20	5.20	0.00	518.29	77.60	0.00
			50	73°21′	325°00′									
			100	71°35′	328°00′									
			180	71°00′	325°00′									
	255(终孔)		250	70°30′	326°00′									

表6-4 ××××钻孔分层点投影计算表

分层点			分层点所在孔段的上控制点坐标/m				分层点所在孔段倾角 β	钻孔方位与剖面方位夹角 φ	L 垂直分量 Δz/m $L\sin\beta$	L 水平分量 OB/m $L\cos\beta$	L 沿剖面分量 Δx/m $OB\cos\varphi$	L 偏离剖面分量 Δy/m $OB\sin\varphi$	分层点坐标		
孔深 /m	岩性	分层点至上控制点距离 L	孔深	高程 z	距剖面起点距离 x	偏离剖面距离 y							高程 z $z_{i+1}=z_i-\Delta z$	距剖面起点距离 x $x_{i+1}=x_i+\Delta x$	偏离剖面距离 y $y_{i+1}=y_i+\Delta y$
0.00	坡积层	0.00	0.00	542.74	72.40	0.00							542.74	72.40	0.00
35.00	花岗斑岩	10.00	25.00	518.29	77.60	0.00									
170.45	矿层														
185.25	花岗斑岩														
255.00	花岗斑岩														
177.85	矿段中点														

五、实习要求

最好能完成不同方法的钻孔投影。若时间不足,可完成其中一种方法的投影。

六、实习思考题

(1)列出地理坐标正投影法中控制点地理坐标的计算公式。
(2)比较三种投影方法的优缺点。

实习七　勘查线剖面图的编制

一、实习目的

勘查线剖面图是矿床勘查和资源储量估算所依据的重要图件之一。通过本次实习,了解勘查线剖面图的内容要求、编制所需资料,掌握勘查线剖面图的编制步骤和方法。

二、实习内容

利用所提供的资料,编制 6113 矿床 3 号勘查线地质剖面图。

三、方法简述

勘查线剖面是沿勘查线切入地下的垂直面,勘查线剖面图是根据剖面的地表地形、露头地质资料及勘查工程资料编制而成的。为了将勘查工程资料准确空间定位,就必须对工程进行测量。根据测量成果,将工程标绘在具有坐标网格的剖面图上。由于钻探工程不可能严格地沿着剖面施工,这就使得钻孔实际对矿体的揭穿点偏离剖面,产生编制勘查线地质剖面图时需将工程的地质资料投绘到剖面图上的问题。根据地质体在空间展布的客观规律,将在各个工程或露头上见到的孤立地质现象加以综合、连接。如果剖面图作为资源储量估算用图,则图上应有块段划分方面的内容。一般在垂直剖面图上,为表现工程偏离剖面的情况,还要附平面图。剖面图应着重表现矿体的质量和空间展布,所以以反映矿体质量的化验分析结果或伽马测井解译成果必须列表说明,并附在图上。最后,图件修饰上墨。图件编制用纸必须符合相应报告级别的规范要求。

勘查线剖面图编制的一般方法简述如下。

(一) 建立勘查线控制网

勘查线控制网包括上、下两个部分。

上半部为垂直控制网。首先在左边绘一条垂直标高线,再由该线向右每隔一定标高(一般为 40 m 或 50 m)画一组水平线;然后将矿床地形地质图(或水平控制网)上勘查线与 x、y 坐标线及勘查基线的交点按相应比例尺(或向上引垂线)投绘到图中的最上面一条水平线上,并向下作垂线,与各水平标高线相互交织,即构成勘查线剖面垂直控制网。

下半部为水平控制网,主要表示勘查线剖面位置、方位和各钻孔位置及其钻孔轨迹的水平投影,用以明确工程或钻孔及其轨迹偏离勘查线的情况。由于勘查线方位通常与地理坐标 x、y 方向有一定的交角(图 7-1),因此在作水平控制网时需要将地理坐标平面网做一定角度的转动,转动的角度通常指勘查线方位与地理坐标北(或地理坐标东),即与 x 轴(或 y 轴)的交角 α(或 $90-\alpha$)。

具体做法:首先在垂直控制网的下部适合的位置画一条水平线作为勘查线和控制网外框(一般要使勘查线位于框的中部);然后将垂直控制网上的 x、y 轴坐标线向下延长,与下部勘查线相交,得一系列交点;根据矿床地形地质图及工程分布图上勘查线与 x、y 轴坐标线的交角,过以上相应点画线,并标注相应 x、y 轴的坐标,即构成水平控制网。

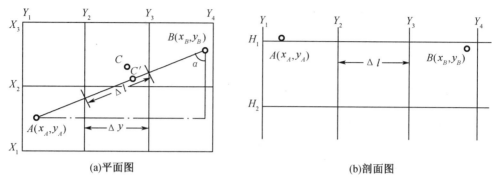

(a)平面图　　　　　　　　　　(b)剖面图

图 7-1　建立坐标系统示意图

(二)切地形剖面

在矿床地形地质图上,从勘查线起点开始,将勘查线与各条地形等高线的交点按比例尺和各自的高程投到垂直控制网图上,用自然曲线将这些点顺序连接起来,即成为地形剖面。

(三)投绘地表探矿工程位置及地质资料

投绘地表探矿工程位置可以分为以下两种情况。

(1)当探矿工程位于勘查线上时,它们的地表开口(孔)位置跟地形点的投绘方法相同,将开口(孔)标高利用工程测量结果,或根据所在位置地形用等高线内插法求得。

(2)当工程地表开口(孔)位置不在勘查线上,但又要将它们所揭露的地质资料投绘到该勘查线剖面图上时,一种方法是将其中心按垂直投影法投到勘查线上,然后转投到剖面图上;另一方法是先将工程开口(孔)位置在水平控制网上定位,然后向上引垂直线,与相应工程的标高线交会,该交会点即为该工程开口(孔)位置在勘查线剖面上的投影。在这种情况下,若工程开口标高与勘查线投影点处的高程不一致,则工程在剖面上的位置将落在勘查剖面地形线的上方或下方,这都是合理的。

然后将地表地质资料依据相应的位置和比例尺投绘到勘查工程上。

(四)投绘地下勘查工程及地质资料

如果勘查工程沿剖面施工,则直接按测量成果在剖面上标绘;如果偏离剖面,则按前述投绘地表工程的方法将其投影到剖面图上。进行地下勘查工程的地质资料的标绘时,坑探工程根据工程原始地质编录缩成相同的比例尺标绘到剖面图上;钻探工程先进行钻孔投影,然后根据岩心地质编录资料直接投影到剖面图上,并标注工程编号、采样位置及样品号。

(五)地质界线及矿体边界的连接

在综合分析、研究的基础上,根据地质体在空间展布的客观规律,连接工程间的岩层界线、矿体边界和断层等地质界线。为了使界线连接正确、合理,应注意相邻剖面的对比及在不同方向剖面上各种地质现象的联系。

如果剖面作为资源储量估算图件,则应在圈定的矿体内划分出各种矿石类型,各种资源储量类别的界线,标注矿体编号、各类别资源储量块断的编号和面积以及块断的平均品位、矿量等信息。

四、实习资料

(1)6113 矿床地形地质及勘查工程设计图(附图 10)。

(2)钻孔工程测量及投影图。

6113 矿床 3 号勘查线地表有探槽揭露矿体,有 ZK3-1、ZK3-2 两个钻孔对矿体矿化带进行了钻探揭露。

(3)6113 矿床 3 号勘查线剖面图(附图 7)。

(4)钻孔、槽井地质原始编录和 γ 测井、刻槽取样成果资料。

(一)ZK3-1 岩性简述

0~78.00 m:碎斑熔岩(J_3^{2-4})。灰白色至浅灰绿色、斑状结构,斑晶主要为钾长石、呈浅肉红色、具有碎裂结构,常见其蚀变成黄绿色水云母,水云母化向下逐渐增强。基质为隐晶质,由长英质组成。岩石中变质岩和细粒花岗质岩石碎块形状不规则,有棱角,直径一般为 1~2 cm,少量可达 4~5 cm。岩石中小裂隙及节理发育。裂隙两壁岩石发育水云母-绿泥石化,偶见红化和碱交化现象,在后一种情况下,岩石放射强度增高。

78.00~80.00 m:断层破碎带,围岩为碎斑熔岩。破碎带中部见一糜棱岩化带,宽约 3~5 cm,为该断裂主结构面,其轴心夹角 30°左右。在岩石破碎带中挤压现象较发育,有时可见构造透镜体,长轴长约 10 cm,与糜棱岩带平行。破碎带蚀变强烈,主要为绿色蚀变,靠近糜棱岩带 20~30 cm,红色紫黑色萤石化和黄铁矿化逐渐取代绿色蚀变。蚀变带内放射性强度增高,一般(100~200)γ,最高可达 400γ。

80.00~87.50 m:碎斑熔岩,绿色蚀变发育,岩石比较破碎。

87.50~88.30 m:碎斑熔岩,绿色蚀变增强。在 88 m 处见裂隙一条,裂隙两壁有红化,岩心放射性强度为(80~100)γ。

88.3~279.85 m:碎斑熔岩,以灰色为主,碎斑结构,斑晶为浅肉红色钾长石,基质为灰色长英质矿物构造,偶见流纹状构造。岩石蚀变不强,见有水云母化,节理裂隙不发育。

(二)ZK3-2 岩性简述

0~150.50 m:碎斑熔岩(J_3^{2-4}),呈浅灰红色,斑状结构,常见变质岩角砾。呈肉红色钾长石斑晶呈碎裂状,常为水云母交代。见有轴心夹角为 20°~30°的节理不均匀分布,沿节理偶见红化、绿泥石化现象。岩石放射性强度一般为(40~60)γ。

150.50~152.00 m:碎斑熔岩挤压破碎带,在 151 m 处见一条磨棱岩带,厚约 3 cm,轴心夹角 20°。糜棱岩带中红化较强,呈暗紫红色,见紫黑色萤石细脉,绿色蚀变分布于红化带两侧。岩石放射强度一般为(100~150)γ,最高达 300γ。

152.00~178.20 m:浅灰色碎斑控岩,钾长石斑晶常为水云母交代。含少量变质岩角砾。岩石放射强度为(50~70)γ。

钻孔 γ 测井解释成果,见表 7-1。

表 7-1　钻孔 γ 测井解释成果表

孔号	见矿深度/m	矿体视厚度/m	解译品位/%
ZK3-1	78.50~80.00	1.50	0.053
	87.70~88.10	0.40	0.019
ZK3-2	150.80~152.30	1.50	0.059

五、实习步骤

(1)根据测斜资料,对钻孔进行钻孔投影的相关计算,求出各控制点和岩性分层点的坐标;填制钻孔投影计算表(该过程略)。

(2)求出勘查线与坐标轴(x 轴或 y 轴)的交角 α。

(3)编制垂直控制网。首先在左边绘标高线,并按一定标高间距绘水平线;然后将勘查线与 x、y 轴的交点向上引垂线,与标高水平线共同构成垂直控制网。

(4)编制水平控制网,并将勘查线及钻孔位置、钻孔轨迹投到水平控制网(附图 7)上。

(5)切地形剖面,标绘地表工程(附图 7)。

(6)依据钻孔孔口标高、各控制点及分层的标高绘出钻孔在勘查线剖面上的投影。

(7)标绘地表地质资料和钻孔地质资料。

(8)连接地质界线,如有矿化现象,则连接矿体界线。

(9)标注样段及编号。

(10)在图的一侧编制取样及分析结果表,图件整饰,写上图名、比例尺,编制图例和责任表,完成 6113 矿床 3 号勘查线剖面图(附图 7)的编制工作。

六、实习思考题

(1)水平控制网和垂直控制网在勘查线剖面制作过程中分别起什么作用?

(2)你认为编制勘查线剖面有更好的方法吗?

实习八 矿体垂直纵投影图的编制

一、实习目的

矿体投影图是矿床资源储量估算、矿山设计与开采的重要图件之一。通过实习,使学生了解矿体投影图的内容要求,初步掌握矿体垂直纵投影图的作图方法与步骤。

二、实习内容

根据 6113 矿床地形地质及勘查工程设计图(附图 10)和第 1 号、第 3 号勘查线剖面图(附图 7、附图 8),用图解法编制 1∶2 000 比例尺的矿体垂直纵投影图。

设计计算法编制矿体垂直纵投影图的计算和编制过程。

三、方法简述

矿体投影图分水平投影图、垂直纵投影图和倾斜面投影图三种。

(1)水平投影图是将矿体揭穿点垂直投影到一个理想的水平面上。

(2)垂直纵投影图是将矿体揭穿点投影到平行矿体平均走向的一个理想的垂直面上。

(3)倾斜面投影图则是将矿体揭穿点投影到平行于矿体平均倾角的一个假想斜面上。

在实际生产中,主要编制矿体水平投影图和垂直纵投影图,很少编制倾斜面投影图。

当矿体总体倾角较陡,大于 45°时,一般采用垂直投影面,作矿体纵投影图;当矿体倾角较缓,小于 45°,尤其是极缓倾斜、近于水平的矿体,则多作矿体水平投影图。矿体水平投影图的编制较为简单,首先计算各钻孔矿体揭穿点的绝对地理坐标,然后将其投绘到设有坐标网的平面图上,即为矿体水平投影图。

这里介绍矿体垂直纵投影图的编制方法。矿体垂直纵投影图的编制方法有计算法和图解法两种。

(1)计算法是首先根据工程测量和钻孔测斜资料计算出各工程中矿体揭穿点位置的相对坐标,即相当于勘查线剖面的 Δx、Δy、Δz,用矿体揭穿点的 Δy(偏离勘查线的坐标增量)和 Δz(高程增量,向下高线减少),投影到由勘查剖面线和一组标高线组成的控制网上,即可编制矿体垂直纵投影图。投影面垂直控制网的制作与下述图解法中垂直控制网的作图方法相同。

(2)图解法原理与计算法相同,只是不计算 Δx、Δy、Δz 的具体数值,而是利用勘查线剖面图和坑道中段平面图等资料,将矿体揭穿点按标高和偏离本勘查线剖面的距离,用作图法投到设有控制网的理想垂直面上,然后按圈定矿体原则圈定矿体,即成矿体垂直纵投影图。其方法如下。

(一)确定投影面位置

投影面是一理想的垂直面,一般要求与矿体的平均走向或主要含矿构造带平行,垂直于勘查线方向。当矿体走向变化大于 15°时,可分段确定投影面。为了制图的方便,可在矿床地形地质图的适当位置平行矿体画一条投影面线(即投影面与地表的交线)。

(二)绘制作图控制网

在一张大小适当的厘米纸或白磅纸上,左边画一条垂直标高线,按制图比例尺由垂直标高线向右画一组中段标高控制线(间距一般为40 m或50 m)。然后将矿床见矿段所有勘查剖面线绘于图上,即构成作图控制网。投绘勘查剖面线时,应将矿体中心勘查剖面线置于图纸的中央。

(三)投绘矿带露头线

当矿体出露地表时,沿走向通过各地表探矿工程(探槽)的见矿中心点作一条矿体中心线,该中心线与地形等高线必然形成交点,将这些交点按距某一勘查线的距离和高程垂直投到控制网(纵投影图)上,用自然曲线连接各投影点即得矿体露头线。

当矿体未出露地表时,一般不绘矿体露头线。但也可将含矿构造露头线依上述方法投绘到控制网(纵投影图)上。

(四)投绘矿体揭穿点

地表矿体一般由探槽揭露,在投影矿体露头线的同时,将矿体中心线上各探槽的横断面一并绘上即可。

深部矿体由坑道或钻孔揭露。投绘坑道中矿体揭穿点时,应先将井筒或沿脉坑道按法线投影法投绘到控制网(纵投影图)上,沿脉坑道的标高采用平均中段标高或实测标高。然后将各穿脉见矿位置投到井筒或沿脉坑道中,此即矿体揭穿点的投影点。

钻孔中矿体揭穿点的投影位置根据勘查线剖面图上所处标高和偏离本勘查剖面线的水平距离来确定。钻孔中矿体揭穿点一般用小圆圈表示。

若一个探矿工程揭穿几个矿体时,则每个矿体揭穿点都要按上述方法投影到图上,并在矿体揭穿点旁注明矿体编号、厚度、品位(矿段平均品位)。

四、实习步骤

本次实习要求在课堂完成图解法编制矿体垂直纵投影图。课后做计算法编制垂直纵投影图的计算与作图设计。

(1)认真阅读6113矿床地形地质图、1号和3号勘查线剖面图及相关地质资料,掌握矿体空间展布与变化特征。

(2)确定需投影段矿体的投影面,在地形地质图的适当位置绘出投影面线。

(3)作垂直投影面控制网。

(4)在垂直投影面控制网中投绘地表地形线、地表工程及工程的矿体揭穿点、矿体地表露头线。

(5)依据图解方法,在垂直投影面图上投绘深部工程矿体揭穿点,并注明揭穿点矿体的编号、厚度、品位。

(6)最后圈定矿体,制作图例和责任表,完成矿体垂直纵投影图。

五、实习资料

(1)6113 矿床地形地质及勘查工程设计图(附图 10)。

(2)1 号、3 号勘查线剖面图(附图 7,附图 8)。

六、实习思考题

1. 矿体投影图分为哪几类,包括哪些内容与要求?
2. 矿体投影图的制作方法有几种?分析它们的优缺点。
3. 矿体投影图有哪些用途?

实习九　铀矿勘查地质设计

一、设计的实习内容与目的

通过实习学会如何根据矿床勘查任务、矿床地质特征和地貌等因素,进行勘查地质设计。其主要内容有:
(1)选择矿产勘查的主体地段;
(2)确定矿床勘查类型;
(3)确定合理的勘查工程总体布置形式;
(4)选择有效的勘查工程类型;
(5)确定求取不同类别资源量的勘查工程间距;
(6)编制勘查工程布置平面图和勘查设计剖面图。

这是一次较全面的矿床勘查设计方法的训练,主要目的是使学生了解勘查地质设计的基本内容和要求,初步掌握勘查地质设计的方法步骤。

二、设计的方法原理

勘查设计是指为完成勘查计划任务,在正式工作之前,根据一定的目的与要求,预先制定技术方法和施工图件等工作,它是完成勘查任务的具体"作战方案",是组织与管理勘查工程施工和落实勘查计划的具体安排。勘查地质设计可分为矿区勘查的总体设计和具体勘查工程项目的单项设计。

矿区勘查总体设计根据上级部门下达的勘查任务书进行,一切设计工作都应按任务书的要求执行。同时还须认真分析矿区已有的地质、矿产资料,确定进行矿床勘查的主体地段和求取地质资源量的大体空间范围。

勘查工程的总体布置方式称为勘查系统。在矿床勘查实际工作中,人们根据矿床(体)地质构造特征和勘查工程手段的特点往往选择一组相互平行的或一组水平的勘查剖面系统作为基本的总体工程布置方式。前者称为勘查线法,有时也采用两组相交勘查线构成勘查网;后者称为水平勘查法。生产勘查中还常利用坑、钻工程将勘查线法与水平勘查结合起来,构成各式坑道或(与)钻探组合的格架系统。

合理的勘查工程间距应是在满足给定精度条件下的最稀工程间距。地质因素、矿床勘查工作阶段以及勘查任务所要求的资源储量类别及勘查技术手段的类型等是影响合理勘查工程间距确定的主要因素。目前确定勘查工程间距的方法比较多,但都不是很完善,主要有类比法、验证法(加密法、稀空法、探采资料对比法)、数理统计法等。在进行矿区总体勘查设计时以类比法最为常用,即根据规范所划分的勘查类型,采用相应的工程间距。

勘查类型的确定是根据影响勘查工作难易程度的主要因素,包括:①矿床地质构造复杂程度;②矿体规模大小、形状、厚度和产状的稳定性;③有用组分分布的连续性和均匀程度;等等。根据拟勘查矿床主矿体的这些标志的数值大小,就可以与勘查规范对比,确定出该矿床的勘查类型,进而采用相应的工程间距。

确定了勘查线间距后,在矿区综合地形地质图上,以主矿体为重点,系统地布置勘查地质剖面并编号。可直接在该图上布置探槽(TC)和浅井(QJ)。

勘查线上探矿工程的布置遵循由浅入深、深浅结合,由疏到密、疏密结合的原则。

单项勘查工程一般是在勘查设计剖面图上布置与设计。编制勘查线理想的或预测(设计)的地质剖面图所依据的资料有矿区大比例尺地形地质图,反映勘查线位置从地表到深部地质构造的已有探矿取样工程及物化探成果的编录资料,或已有的相邻勘查线剖面图、中段地质平面图等。

(一) 勘查设计地质剖面图的一般编制方法与步骤

(1) 根据矿床地形地质图上勘查线所在平面位置和预计勘查深度范围,在方格纸上绘制垂直控制网(参见实习七)。

(2) 将勘查线剖面上地表地形线、两端点位置和勘查线方位的仪器实测结果(或在矿区地形图上切制)标绘在方格纸上。

(3) 根据矿床地质图和地质测量资料,将地表探矿工程(探槽、浅井等)、矿体与地质构造界线按各自的位置、产状(用换算过的假倾角)标绘于地形线上。

(4) 根据工程地质编录和取样资料,将已有勘查工程(钻探、坑道)及其揭露的矿体与地质构造界线转绘于相应位置上。

(5) 根据对矿床地质构造特点和成矿规律的认识,从地表到深部,依次将相邻工程揭露的对应矿体边界点、地质构造点连接成线,并按其地质规律变化趋势向深部做出合理的预测和推断,用虚线表示。若有相邻已知剖面图件资料,则应做参照对比推断。

(二) 在设计剖面图上设计钻孔的方法和步骤

1. 确定矿体的截穿点位置

在勘查线设计地质剖面图上,按照已确定的工程间距,沿矿体中心线(厚矿体)或矿体底板线(薄矿体),从地表到深部依次逐步确定设计钻孔穿过矿体的截穿点位置。

2. 确定钻孔类型

常用直钻与斜钻(或定向钻)两类,主要是根据矿体产状、地表地形地物情况、钻探设备条件和工人技术水平等确定。直钻多用于产状较缓的矿体;斜钻多用于陡倾斜矿体,并尽可能沿矿体厚度方向从上盘钻进截穿矿体。设计时要求钻孔轴线与矿体相遇角不小于30°,钻孔倾角不宜小于65°~70°。

3. 孔位的确定

根据矿体上预计的钻孔截穿点和选定的钻孔类型反推到地表,即可确定设计钻孔地表开孔位置。若遇陡崖、河塘或建筑物等,允许沿剖面线或两侧适当移动位置。

4. 确定孔深

对于矿体边界清楚者,一般要求钻孔穿过矿体6~8 m即可停钻。对于边界不清的矿体或矿化带,一般要求穿过矿体(或矿化带)约20 m或穿过整个含矿带后停钻。

(三) 水平坑道设计

水平坑道设计包括中段划分、沿脉、穿脉等。由于坑道施工的难度和成本较高,一定要在有十分把握或十分必要的情况下才采用,特别是用竖(斜)井联络的水平坑道,在无见矿把握的情况下不得轻易使用。

1. 勘查中段划分

如果要在剖面图上设计穿脉坑道,应按照一定的中段高度设计,即同一矿床不同地段的勘查中段标高应当一致。例如,在 1 号剖面上已有坑道,其标高为+150 m,则在 3 号剖面上设计的坑道标高也应是+150 m 或与其相差中段高度的整数倍。勘查中段的划分,一般以主矿带地表露头的最高标高为起点,根据不同类型所规定的中段高度或其整数倍,向下依次确定各勘查中段的标高,并在设计剖面图上画出中段标高线,以便布置坑道工程。

中段的编号一般按照标高编排。

2. 坑道工程设计

沿脉坑道分为脉内沿脉和脉外沿脉。脉内沿脉沿矿体走向开掘;脉外沿脉一般布置在矿体的下盘,平行矿体走向开掘,配合穿脉坑道揭露矿体。由于脉外沿脉坑道易于维护,在矿山开采过程中还可利用,又可用于运输,因而实际工作中多采用脉外沿脉。

脉外沿脉离矿体的距离视矿体沿走向的变化和围岩的稳定性而定,同时要求穿脉的工作量不宜过大。

穿脉坑道由沿脉中沿勘查线向矿体方向布置,长度应超过整个矿体厚度的 2~3 m;若主矿体下盘还有次要矿体,则需布置反向穿脉进行控制。

3. 坑口位置的选择

选择坑口位置是坑道设计中的重要内容。坑道口有平巷口、斜井口、竖井口之分。

平巷的直接出口段可以与沿脉直交、斜交或直线连接。在地表的出口位置应满足下列条件:地形有利,距离矿体近;有较开阔的场地,便于修建坑口设施、修路、运输等;铀矿石的堆放点条件具备(位于坑口的下风口,距坑口 10 m 以上);坑口标高应位于历史最高洪水位以上,避开冲沟;围岩基础稳固等。

将设计剖面图上的勘查工程,如钻孔(ZK)、穿脉、沿脉、平巷等转绘到平面图上并编号,即为勘查工程设计平面图。

在实际工作中,还需要编制坑道设计平面图、中段地质设计平面图等。

三、设计任务

(1)根据所提供的矿区和矿床地质矿化特征等设计实习资料,对 6113 矿床进行勘查地质工作设计,并确定勘查工作的工作内容和实物工作量。

(2)确定矿床的勘查类型和勘查工程基本间距。对于不同地段应区别对待,在矿床主要矿体及其浅部,勘查程度应满足控制资源量要求,其余地段探求推断资源量。

(3)在确定勘查类型的基础上,合理地选择勘查技术手段,编制矿床勘查总体设计。

(4)根据各地段研究程度及地质任务,合理安排勘查工程施工顺序。

(5)根据矿床勘查阶段的任务要求,提出矿床、矿体地质研究的具体任务,并随着勘查工程、地质工作的进展做出合理安排。

四、设计要求

(1)在设计中必须对矿区、矿床地质特征和前人的地质成果进行认真阅读、分析,做到精心设计、精心施工。

(2)以矿床地形地质图为底图,编制勘查工程总体设计平面图。

(3)编制勘查线设计剖面图 2 幅,比例尺为 1∶1 000。

(4)简要编写勘查地质设计报告。内容包括勘查目的任务,矿床地质概况、铀矿化特征及控制因素,矿床勘查类型确定,勘查工程选择与工程类型、工程部署原则(工程间距确定等),工程施工顺序,勘查工程工作量,勘查工作实施过程中应注意的问题等。要求字迹清晰、层次清楚、简明扼要。

五、设计资料

(1)6113 矿床地形地质及勘查工程设计图(附图 10)。

(2)矿区、矿床地质资料。

6113 矿床位于××矿田的西北部。

矿床内主要出露地层为 J_3^{2-4} 之酸性熔结凝灰岩,矿化即赋存于上述岩石中。岩性为浅肉红色、灰红色,风化后呈土黄色、黄褐色的晶屑岩屑熔结凝灰岩,其中晶屑由钾长石、斜长石、石英、黑云母等组成,粒径 1~3 mm,含量达 50%~60%;岩屑以黑云母片岩、千枚岩为主,另有砂岩、粉砂岩、流纹斑岩等,一般呈棱角状、次棱角状,粒度 0.1~30 cm,底部含量较高,达 5%,向上逐渐减少,基质部分为玻璃质火山灰经脱玻化而呈霏细状或球粒状。

矿床断裂构造可分为成矿前、成矿期、成矿后三期。成矿前构造以北东向断裂为主,有灰白色构造泥充填和褪色现象,具压扭性特征。成矿期构造产出于矿前断裂旁侧或重叠于矿前构造之上,走向北东 30°~50°,向北西陡倾,倾角 80°以上,沿其走向有局部的弯曲变化,并有平行或分岔断层伴生,性质也属压扭性;认为成矿期构造在活动性质上和空间分布上具有明显的继承性。成矿后构造主要表现为规模较小的断层或裂隙,以灰色、黄色构造泥或碳酸盐的充填为特征;由于构造作用不强,对矿体的破坏不大。

经槽探、浅井揭露,本矿床在地表有五个大小不等的矿体。一、二号矿体分布在 3 号勘查线以北的北东向主要含矿构造中,产状向北西倾斜,倾角为 75°~80°,与含矿构造产状基本一致。其中一号矿体长约 110 m,厚度一般为 0.2~1.09 m,最大为 6.48 m,矿化品位高;二号矿体长约 90 m,厚度 0.4~7.2 m,矿化品位高。三号矿体长约 70 m,厚度 0.3~2.5 m;四号、五号矿体规模较小,长度 30~50 m。

地表见铀矿物有硅钙铀矿、硅铀矿、残余铀黑、沥青铀矿等,伴生褐铁矿化、褐锰矿化、高岭土等蚀变。

前人对一号矿体进行了深部揭露。在 1 号和 3 号勘查线上施工钻孔 4 个,其中有 3 个钻孔可见工业铀矿化(表 9-1)。

表 9-1 钻孔见矿一览表

钻孔号	见矿深度/m	矿体视厚度/m	矿体平均品位/%	备注
ZK1-1	121.00~125.00	4.00	0.126	未经孔径、泥浆校正
ZK1-2	202.00~204.00	2.00	0.055	未经孔径、泥浆校正
ZK3-1	79.00~80.50	1.50	0.053	未经孔径、泥浆校正
ZK3-2	153.00~154.50	1.50	0.059	未经孔径、泥浆校正

钻孔中所见铀矿物主要为沥青铀矿,沥青铀矿呈胶状充填、脉状或细脉浸染状、肾状产出;伴生矿物为黄铁矿、闪锌矿、方铅矿等。近矿围岩蚀变主要为赤铁矿化、萤石化、绿泥石化及绢云母化等,以赤铁矿化和萤石化与铀矿化关系最密切。

在主矿段北西及西南部还各有一条含矿构造,经地表揭露也见异常和不连续的铀矿化现象,值得进一步研究。

前人研究结论:本矿床为低温热液型铀矿床。矿石类型属铀-赤铁矿型和铀-萤石型。矿体成群出现。矿床向深部已延伸150~200 m,具有工业远景。建议开展详查工作,提交控制资源量。

(3)内生铀矿床勘查类型划分依据。

勘查类型主要根据主矿体的延展规模、形态和产状变化的复杂程度,矿化的均匀性、稳定性和连续性及矿体的破坏程度等地质因素来确定。

①矿体规模大小(走向长度×延伸或宽度)

根据铀矿床矿体的延展规模(主矿体走向×延伸或宽度),矿体可分为以下三类。
- 大型:>500 m×>500 m;
- 中型:(200~500 m)×(100~250 m);
- 小型:<200 m×<50 m。

②有用组分分布均匀程度

根据品位变化系数,有用组分分布均匀程度可分为以下三级。
- 均匀:$V_C<60\%$;
- 较均匀:$V_C=60\%~120\%$;
- 不均匀:$V_C>120\%$。

③矿体厚度的稳定程度

依据变化系数,将矿体厚度稳定程度划分为以下三种。
- 稳定:$V_m<50\%$;
- 较稳定:$V_m=50\%~180\%$;
- 不稳定:$V_m>180\%$。

④矿体形态变化程度和被破坏程度

可将铀矿体分为以下三类。

a.简单。矿体形态为层状、似层状、大脉状,矿体连续性较好($K_P=0.7~1$),基本无断层或脉岩穿插,构造对矿体形态影响很小。

b.中等。矿体形态为似层状、大脉状、大透镜状、筒状,内部夹石多,有分枝复合现象,矿体基本连续($K_P=0.4~0.7$),主要矿体产状较稳定,局部有变化,矿体被断层或脉岩错动,但错距不大。

c.复杂。矿体呈不规则脉状、网脉状、透镜状、柱状、筒状、囊状,内部夹石多,分枝复合多且无规律性,矿体连续性差($K_P<0.4~0.7$),矿体被多条断层或脉岩穿插,且错动距离较大,严重影响了矿体的形态。

⑤铀矿床勘查类型划分

依据2015年颁布的《铀矿地质勘查规范》(DZ/T 0199—2015),将我国铀矿床勘查类型划分为以下三类。

a.第Ⅰ勘查类型(简单型)。主矿体规模大,形态简单,产状稳定,矿体连续性好,厚度稳定,有用组分分布均匀,构造、脉岩对矿体影响很小。

b.第Ⅱ勘查类型(中等型)。主矿体规模中等,形态较简单,产状较稳定,局部有变化,主矿体基本连续,矿化较均匀,构造、脉岩对矿体的影响程度中等,但破坏程度不大。

c.第Ⅲ勘查类型(复杂型)。矿体规模小,形态复杂,产状变化较大,矿化不均匀,矿体连续性差或被构造、脉岩破坏严重。

⑥铀矿床勘查工程间距

勘查工程间距确定的参照标准见表9-2。

表9-2 铀矿床勘查类型工程间距表

勘查类型	勘查工程种类	地质可靠程度是控制的	
		沿走向/m	沿倾向/m
简单(Ⅰ)	钻孔	100~200	100~200
	穿脉		
	中段		
中等(Ⅱ)	钻孔	100	100
	穿脉	25~50	
	中段		50~100
复杂(Ⅲ)	钻孔	50~100	50~100
	穿脉	25	
	中段		50

六、设计步骤

(1)阅读设计任务和6113矿区地质简介。

(2)用矿床勘查类型类比法,确定6113矿床的勘查类型。具体步骤如下。

①第一步:根据实习资料中的资料之三,类比确定该矿床主矿体的规模大小、矿体形态复杂程度、构造影响程度、矿体厚度稳定程度和有用组分分布均匀程度等的等级及相应的参数系数。

②第二步:根据上述四个地质因素的特征,具体划分该矿床的勘查类型。

(3)根据设计任务和6113矿床的具体勘查类型,参照实习资料的资料之三,确定勘查工程间距。

(4)根据所确定的勘查工程间距和对该矿床地质矿产情况的了解,选择合理的勘查工程总体布置方式(包括工程类型、方位、工程间距等)。

(5)充分考虑6113矿床地质、地貌特征,选择有效的勘查技术手段和工程类型。

(6)划分矿床勘查中段。

(7)确定地下坑道坑口位置。

(8)在勘查设计地质剖面上设计勘查工程,编制1号、3号勘查线地质剖面图(附图7,附图8)。

(9)将上述两个剖面图上的工程转绘到6113矿床地形地质及勘查工程设计图

(附图10)上。

(10)根据任务要求和勘查主矿体的原则,有重点地使用勘查工程,在6113矿床地形地质图上对整个矿床做全面布置。

(11)编写实习报告(见本实习设计要求)。

实习十　地质块段法资源储量估算

一、实习目的

通过本实习,进一步了解矿产工业指标的含义、功能和重要意义,掌握根据工业指标合理圈定矿体的方法与程序。初步掌握在矿体水平投影图上圈定矿体、划分块段、确定资源储量估算参数、用地质块段法估算资源储量的基本技能。

二、实习内容

实习内容包括特高品位分析与处理,单工程矿段参数(品位、厚度、平米铀量)确定、矿体圈定、块段划分、地质块段法资源储量估算、单工程面积控制法资源储量估算。

三、实习要求

根据铀资源工业指标,在××可地浸砂岩型铀矿床矿体平面投影图上进行圈定矿体,划分控制资源量和推断资源量;在圈定矿体的基础上,划分地质块段;运用地质块段法和单工程面积控制法分别进行可地浸砂岩铀矿资源储量估算;对两种资源储量估算方法的结果进行对比、检验估算方法、估算结果的合理性和准确性。

四、方法原理

(一)圈定矿体

圈定矿体就是要确定矿体的边界线。矿体边界线的圈定,一般是在水平投影图或垂直纵投影图上进行。矿体的倾角大小是选择投影面的主要依据,缓倾斜矿体选用水平投影图;陡倾斜矿体则选用垂直纵投影图。在选择投影面时,还应考虑到勘查系统,以钻孔为主,特别以直孔为主时,应选择水平投影面;而以水平坑道为主时,则应选择垂直投影面。在投影图上,矿体地表露头可直接投绘露头线,而在深部钻孔见矿点,则应将见矿中心点投到投影图上,而不能将在地表的钻孔孔位投到投影图上。

先在单个工程内圈定矿体,其次在剖面图上连接矿体,然后再根据全部见矿工程,在投影图上沿矿体走向和倾斜方向圈定与连接矿体的各边界线。在单工程(探槽、探井、钻孔、穿脉)中圈定矿体时,所有达到边界品位的样品均可圈入矿体。对可地浸砂岩铀矿而言,夹石厚度小于 7 m 的矿段可以压缩合并,视为一个矿体。

在平面图上圈定矿体,首先是圈定矿体的外边界线,即在矿体边缘,用有限外推或无限外推的方法所确定的边界线。然后将边缘的见矿钻孔相连,即得到内边界线。边缘工程必须达到工业指标,在矿体内部,出现低于工业指标的工程时,应单独圈出,并予以剔除。

矿体有限外推(外部有工程控制),外推距离按推断资源量的勘查工程间距的 1/2 尖推或 1/4 平推;若实际勘查工程间距小于推断资源量的勘查工程间距时,则按实际的勘查工程间距的 1/2 尖推或 1/4 平推;矿体无限外推(外部无工程控制),一般采用推断资源量的勘查工程间距的 1/2 尖推或 1/4 平推。

在圈定矿体的基础上,根据工程间距,划分资源储量类别。控制的或探明的资源储量块段,除应达到工业要求外,须以内边界线进行连接圈定,外推部分作降级处理(推断的);在不影响控制或探明的资源储量类别的条件下,也可不划分内外边界而作同一类别(控制的)处理。

(二)块段划分

在矿体圈定后,应根据如下因素划分块段。
(1)矿物原料的自身特点,如矿石自然类型、工业品位、渗透性差异等。
(2)矿床开采条件,如浅部露采部分与深部坑采部分或地下溶浸部分应划分为不同块段。
(3)断裂错动,不能作为同一块段一起开采的部分。
(4)矿体形态(如厚度)发生明显变化的部分。
(5)勘查程度不一,主要表现在具有不同勘查工程间距的地段应划分为不同块段。

(三)可地浸砂岩铀矿资源储量估算的参数确定及方法

1. 物探参数

物探参数包括铀-镭平衡系数、镭-氡放射性平衡系数、放射性矿石密度、湿度等,本次实习省略该方面内容。

2. 特高品位的确定和处理方法

特高品位的确定　根据矿床(体)品位变化系数大小确定特高品位下限,参见表10-1。当品位变化系数大时采用上限值,变化系数小时采用下限值。处理方法可采用特高品位所影响块段的平均品位或单工程平均品位(厚度较大时)代替。

表10-1　确定特高品位下限品位变化系数表

品位变化系数/%	特高品位下限为平均品位的倍数	品位分布均匀程度
<30	2~4	均匀
30~60	4~6	较均匀
60~100	6~8	不均匀
100~150	8~12	很不均匀
>150	12~15	极不均匀

3. 平均品位计算

单工程平均品位和矿体(块段)平均品位均用加权平均法计算。

计算平均品位时,如有特高品位样品(矿段),应根据矿体地质特征,或作富矿段(带)单独圈出,或作特高品位处理。

4. 矿体厚度计算

(1)单工程矿体厚度的计算。采用压缩法(可地浸砂岩铀矿),即夹石厚度小于7 m的、高于边界品位的矿段采用压缩法累计厚度。大于或等于7 m的矿段应分别计算。

(2)块段矿体厚度计算。一般采用算术平均法求得,只有当厚度变化很大,且工程分布不均匀时才用加权平均法计算。

5. 平米铀量计算

一般在可地浸砂岩铀矿评价中采用该指标。

平米铀量按式(10-1)计算,即

$$U = cmd \tag{10-1}$$

式中　U——单工程或块段平米铀量,kg/m^2;

　　　c——单工程或块段平均品位,%;

　　　m——单工程或块段矿体厚度(对块段而言,为矿体平均厚度),m;

　　　d——(块段内)矿石密度,t/m^3。

(6) 面积测定

用计算机、求积仪或几何图形法等方法测算,至少应进行两次测定,取其平均值,其相对误差不得超过±2%。

(四) 地质块段法与单工程面积控制法估算资源储量

地质块段法按式(10-2)估算资源储量,即

$$P = \frac{US}{1\,000} \tag{10-2}$$

式中　P——块段铀金属总量,t;

　　　U——块段平米铀量,kg/m^2;

　　　S——块段面积,m^2。

单工程面积控制法按式(10-3)和式(10-4)估算资源储量,即

$$P_i = \frac{U_i S_i}{1\,000} \tag{10-3}$$

$$P = \sum P_i \tag{10-4}$$

式中　P——矿体铀金属总量,t;

　　　P_i——某单工程控制面积内铀金属量,kg;

　　　U_i——某单工程平米铀量,kg/m^2;

　　　S_i——某单工程控制面积,m^2。

五、实习步骤

根据实习材料所提供的资料,估算×××可地浸砂岩铀矿床Ⅰ号矿带砂岩铀矿体的资源储量。本实习估算资源储量的矿床是可地浸砂岩型铀矿床,矿体倾角缓,采用水平投影图圈定矿体。具体步骤如下。

(1) 熟悉实习资料,了解矿床地质特征及矿床勘查工程分布情况,尤其是相邻勘查线之间矿体控制的情况。熟悉该类型矿床所采用的工业指标及矿体圈定的具体要求。

(2) 以钻孔中含矿砂体底板(或矿体中心部位、或含矿砂体顶板)揭穿点为投影点,作钻探工程平面投影图(附图11)。

(3) 计算×××可地浸砂岩铀矿床Ⅰ号矿带砂岩铀矿体的平均品位及其变化系数,确定本矿床砂岩铀矿体的特高品位下限值,填制表10-3。如存在特高品位,则进行特高品位处理。

(4) 计算单工程砂岩矿体厚度、平均品位、平米铀量,填制表10-2。

(5) 分别用红色、蓝色和白色标注平米铀量大于或等于1 kg、平米铀量小于1 kg 和无矿的钻孔,同时将相应钻孔砂岩铀矿体的厚度、平均品位、平米铀量标注钻孔旁侧。

(6)根据钻孔见矿情况,圈定矿体内、外边界线。

当边缘见矿工程外有工程控制且为表外孔时,以1/2原则进行外推;当边缘见矿工程外有工程控制且为无矿孔,或边缘见矿工程外无工程控制时,则以1/4原则外推。外推距离要求见"方法原理"之"圈定矿体"部分。

(7)划分地质块段,编号并在图上标注。根据本矿床的特征,用200×(100~50)m工程间距探求控制的(K)资源量,以400×(200~100)m的工程间距探求推断的(T)资源量。本次实习主要根据矿体各部分的控制程度划分地质块段,块段编号用"资源量类别+该类别编号",如"K-1""T-1"。外推部分按同类别估算资源量。

(8)测量块段面积,分别填制表10-4和表10-5。

(9)计算块段矿体平均品位、平均厚度、平均平米铀量。在此过程中,要对单工程做特高品位处理(特高品位的工程可单独划分块段除外),填制表10-5。

(10)用式(10-2)计算各块段的铀金属量,填制表10-6。其中矿石湿密度为2.19 g/cm³。

(11)将各块段的资源储量相加,即得到Ⅰ号矿带砂岩铀矿体的铀金属总量。

(12)用单工程面积控制法估算Ⅰ号矿带砂岩铀矿体铀金属总量,与地质块段法估算结果进行对比,填制表10-7和表10-8。

(13)编写学习报告。内容包括实习目的及任务、矿床地质概况、勘查类型确定、勘查工程间距与资源储量类别、矿床工业指标、特高品位分析与处理、单工程矿体参数确定、矿体圈定与块段划分、地质块段法资源储量估算、单工程面积控制法资源储量估算、结论与认识。

六、实习资料

(1)砂岩铀矿床工业指标。

边界品位:大于或等于0.01%。

单工程平米铀量:大于或等于1 kg。

矿层间夹石厚度(不含矿或表外矿石):小于7 m。

(2)钻探工程见矿情况一览表,见表10-2。

(3)钻探工程平面投影图(附图11)。

(4)某矿床基本地质概况及砂岩铀矿化特征简介。

该矿床发育于某盆地侏罗系水西沟群。水西沟群为一套湿地冲积扇——辫状三角洲沉积体系产物,赋矿砂体为辫状三角洲平原——前缘的分流河道沉积,砂体走向NEE向,倾向NE,倾角为3°~8°,砂体厚度一般为12~33 m,平均为18.8 m;局部含粉砂岩、泥质粉砂岩透镜体,平面展布总体稳定且均一,渗透性良好。泥岩、泥质粉砂岩或粉砂岩构成含矿砂体的顶底板隔水层,顶底板隔水层沿走向和倾向发育稳定。

矿床属层间氧化带砂岩型铀矿。铀矿体就位于层间氧化带之氧化-还原过渡带。赋矿岩性主要为中、粗砂岩,含砾粗砂岩。矿带总长大于3 km,宽度一般为50~400 m,沿走向延伸稳定。砂岩铀矿体埋深为185~258 m。矿体形态较为单一,总体呈卷状或似卷状、厚板状;矿体厚度以卷头为最大,往翼部或尾部逐渐减小。矿体品位变化主要表现在从卷头向尾部铀含量逐渐降低,沿矿带走向,品位变化基本稳定;矿体在垂向方向上是不连续的,通常由若干个峰值夹若干个夹石或表外矿体构成。矿石类型属砂岩型铀矿石,铀呈显微浸染状分布,主要以吸附形式存在,少量以沥青铀矿物形式赋存,矿石中CO_2含量低。

研究认为,该矿床可采用地浸方法开采。勘查类型属Ⅱ类。可用工程间距200×(100~50)m探求控制资源量,用工程间距400×(200~100)m探求推断的资源量。

表 10-2 钻探工程砂岩见矿一览表

钻孔号	样段号	矿段长度 /m	解译品位 /%	特高品位处理后品位/%	单工程 平均品位 /%	累计厚度 /m	平米铀量 /(kg·m^{-2})
ZK131	1	1.00	0.005 6				
	2	7.40	0.082 6				
	3	0.80	0.004 2				
ZK132	1	4.20	0.0212				
ZK133	1	1.00	0.012 1				
	2	7.80	0.006 5				
	3	0.80	0.021 0				
ZK134	1	1.20	0.021 0				
	2	5.60	0.006 0				
	3	1.30	0.013 1				
ZK135	1	5.60	0.021 0				
	2	3.20	0.002 1				
	3	1.30	0.043 0				
	4	0.80	0.003 1				
ZK136	1	5.00	0.032 0				
ZK137	1	4.60	0.032 1				
	2	2.20	0.004 2				
	3	2.40	0.032 2				
	4	1.02	0.001 3				
ZK111	1	2.30	0.008 9				
	2	1.20	0.121 0				
	3	3.40	0.006 5				
	4	3.68	0.056 6				
ZK112	1	3.20	0.042 3				
ZK113	1	0.08	0.099 8				
	2	3.25	0.045 3				
	3	1.20	0.008 6				
ZK114	1	3.20	0.065 0				
	2	6.50	0.007 8				
	3	1.90	0.014 6				
ZK91	1	2.30	0.046 2				
	2	4.50	0.007 6				
	3	2.60	0.025 2				
ZK92	1	5.00	0.012 1				
ZK93	1	2.90	0.011 0				
ZK94	1	2.26	0.067 6				
	2	7.70	0.004 1				
	3	1.80	0.014 1				

表 10-2(续 1)

钻孔号	样段号	矿段长度/m	解译品位/%	特高品位处理后品位/%	单工程 平均品位/%	累计厚度/m	平米铀量/(kg·m^{-2})
ZK95	1	1.80	0.009 0				
	2	4.20	0.002 3				
ZK96	1	1.87	0.046 4				
	2	5.00	0.006 5				
	3	2.31	0.024 8				
ZK97	1	3.60	0.023 3				
	2	1.49	0.007 8				
	3	2.08	0.036 7				
ZK98	1	4.20	0.021 2				
	2	2.10	0.004 5				
	3	1.21	0.010 1				
ZK99	1	11.00	0.095 2				
ZK71	1	0.70	0.014 0				
	2	1.75	0.002 4				
	3	0.40	0.012 0				
ZK72	1	0.80	0.011 0				
ZK73	1	1.10	0.014 0				
ZK74	1	3.55	0.016 0				
ZK75	1	1.65	0.157 0				
	2	2.00	0.002 0				
	3	1.70	0.027 0				
	4	0.80	0.006 5				
	5	0.45	0.059 0				
ZK51	1	5.90	0.036 9				
ZK52		无矿					
ZK53	1	2.20	0.027 2				
	2	6.40	0.002 4				
	3	0.80	0.083 0				
ZK54	1	0.94	0.021 0				
ZK55	1	3.80	0.021 8				
	2	1.20	0.003 1				
	3	0.96	0.012 0				

表 10-2(续2)

钻孔号	样段号	矿段长度/m	解译品位/%	特高品位处理后品位/%	单工程		
					平均品位/%	累计厚度/m	平米铀量/(kg·m^{-2})
ZK56	1	4.85	0.068 9				
	2	2.10	0.003 4				
	3	1.01	0.013 5				
ZK57	1	4.30	0.005 6				
ZK01	1	3.56	0.007 4				
ZK02	1	2.89	0.049 0				
ZK03	1	1.20	0.021 0				
	2	0.78	0.003 2				
	3	0.96	0.011 2				
ZK04	1	6.00	0.010 1				
	2	0.48	0.008 9				
	3	0.15	0.027 0				
ZK05	1	1.30	0.013 1				
ZK06	1	0.964	0.021 3				
ZK07	1	4.70	0.016 9				
ZK08	1	5.40	0.065 4				
	2	1.20	0.002 1				
	3	0.74	0.021 2				
ZK09	1	0.80	0.015 4				
ZK41	1	2.10	0.021 4				
	2	0.98	0.003 6				
	3	1.34	0.036 0				
	4	1.65	0.005 6				
	5	0.76	0.068 1				
ZK42	1	6.01	0.020 1				
ZK43		无矿					
ZK44	1	3.42	0.011 2				
	2	5.30	0.002 1				
	3	1.53	0.013 1				
ZK45	1	0.59	0.021 2				

表 10-2(续3)

钻孔号	样段号	矿段长度/m	解译品位/%	特高品位处理后品位/%	单工程 平均品位/%	累计厚度/m	平米铀量/(kg·m^{-2})
ZK46	1	0.89	0.012 0				
	2	2.30	0.007 8				
	3	1.08	0.045 4				
	4	1.89	0.003 5				
	5	0.79	0.099 1				
ZK47	1	5.60	0.021 4				
	2	1.30	0.004 5				
	3	1.20	0.012 0				
ZK48	1	2.69	0.056 8				
ZK81	1	0.08	0.021 0				
	2	2.03	0.004 3				
	3	0.32	0.015 4				
	4	1.39	0.001 3				
	5	4.13	0.011 0				
ZK82	1	5.60	0.009 8				
ZK83	1	0.93	0.026 8				
	2	3.91	0.009 9				
	3	2.69	0.038 7				
ZK84	1	4.08	0.010 1				
ZK85		无矿					
ZK86	1	2.36	0.020 1				
	2	1.45	0.004 6				
	3	3.10	0.013 0				
ZK87	1	2.12	0.032 4				
	2	1.65	0.009 6				
	3	2.30	0.036 9				
ZK88	1	2.46	0.065 8				
	2	7.80	0.006 8				
	3	1.30	0.021 1				
ZK121	1	0.08	0.069 0				
ZK122	1	0.98	0.024 0				
ZK123	1	0.65	0.035 0				
	2	8.90	0.008 1				
	3	3.01	0.013 5				
ZK124	1	2.00	0.012 7				

表 10-3　特高品位确定

Ⅰ号矿带平均品位/%	品位变化系数	特高品位下限

表 10-4　块段矿体面积测定表

序号	块段编号	第一次 S_1/cm²	第二次 S_2/cm²	$(S_1+S_2)/2$ /cm²	块段面积 /m²	备注

表 10-5　块段平均品位、平均厚度、平均平米铀量估算表

块段号	钻孔号	单工程 厚度/m	单工程 品位/%	块段 平均厚度/m	块段 平均品位/%	块段 平均平米铀量/kg

表 10-6 铀矿资源储量估算表

序号	块段号	平均品位/%	平均厚度/m	块段平均平米铀量/(kg·m⁻²)	块段面积/m²	铀金属量/t 各块段	铀金属量/t 合计

表 10-7 单工程控制面积法资源储量估算

序号	钻孔号	厚度/m	品位/%	平米铀量/(kg·m⁻²)	控制面积/m²	控制铀储量/t	合计/t

表 10-8 不同方法资源储量估算结果对比

估算方法	地质块段法 铀金属量/t	单工程控制面积法 铀金属量/t	相对误差/%	规范要求
估算结果				
备注				

附 录

附表1 钻孔岩心地质编录

回次	累计深度/m	进尺/m	岩心长度/m	回次采取率/%	换层深度及分层厚度/m	分层岩心长/m	分层采取率/%	轴心夹角	编录柱状图	综合柱状图	岩性描述

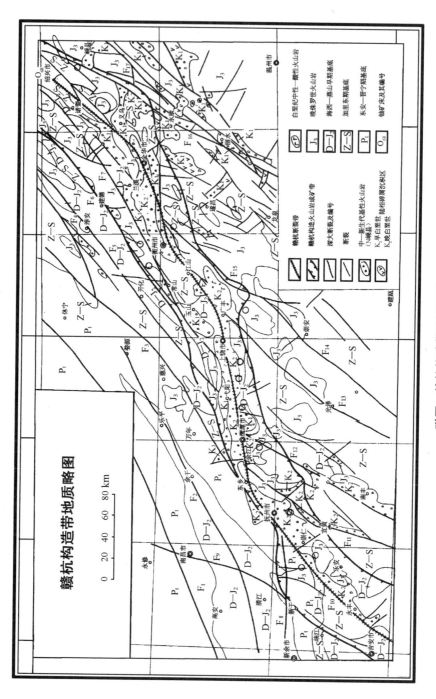

附图1 赣杭构造带地质略图

附 录

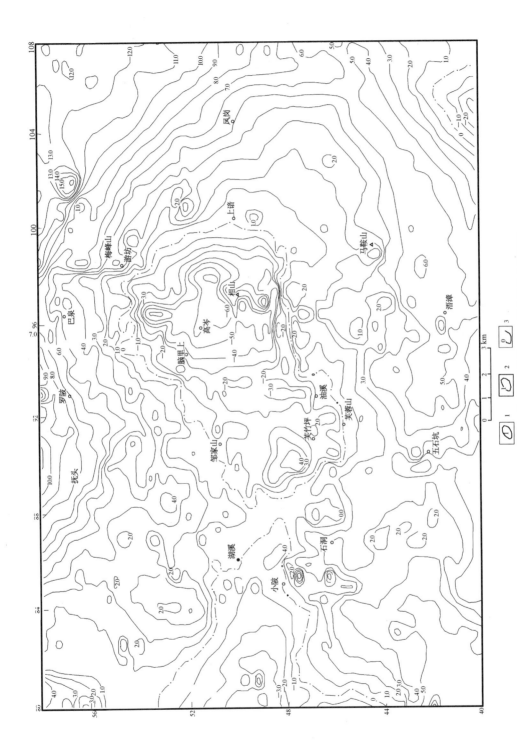

1—负布格重力等值线；2—正布格重力等值线；3—零布格重力等值线。

附图2 相山火山盆地布格重力异常平面图（单位：$10\ m/s^2$）

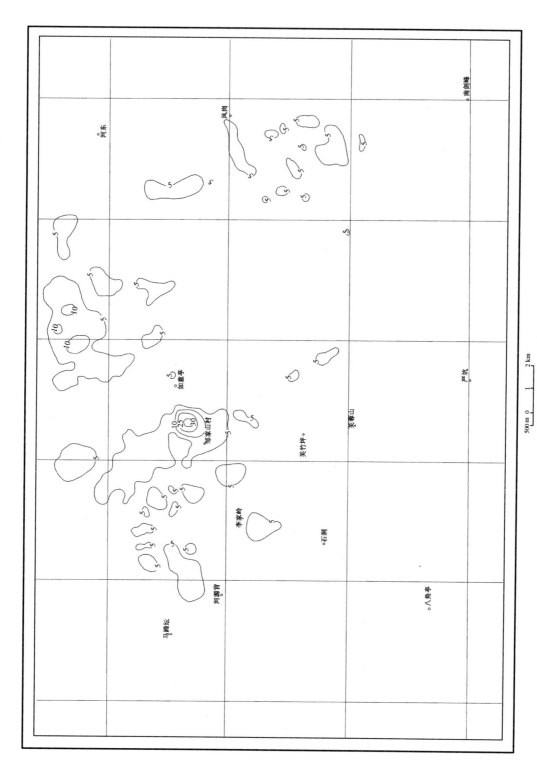

附图3 相山地区航空测量铀等值图

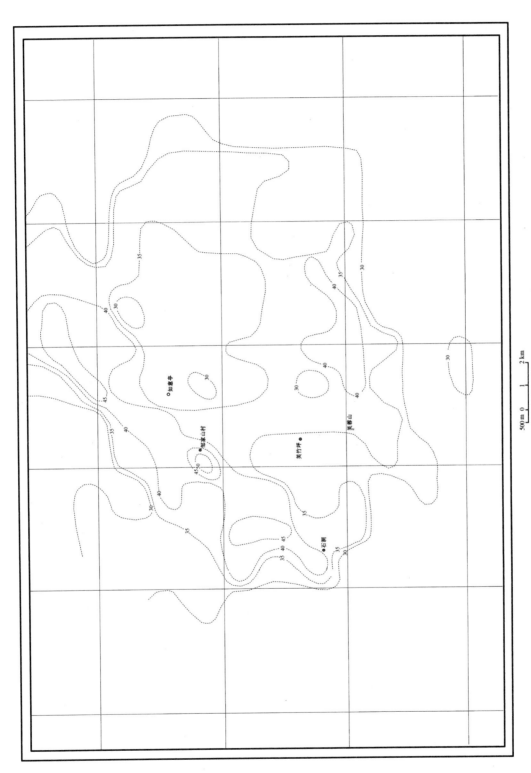

附图4 相山地区地表伽马异常分布图

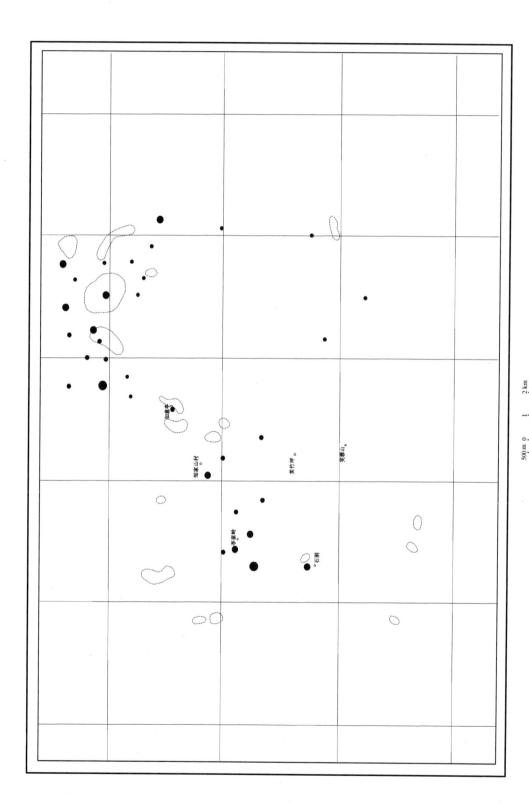

附图5 相山地区水化学异常分布图